YANGBING
KUAISU ZHENZHI
SHICAO TUJIE

养殖致富攻略

羊 病

快 速 诊 治

实操图解

王凤龙 编著

U0209644

中国农业出版社

主　编　王凤龙

编　者　王凤龙（内蒙古农业大学）

　　　　王金玲（内蒙古农业大学）

　　　　丁玉林（内蒙古农业大学）

　　　　刘永宏（塔里木大学）

　　　　杨　磊（湖南农业大学）

前　言

我国是养羊大国，养羊业已成为我国畜牧业的重要组成部分，在农业经济发展和人民生活中均占有重要地位。但是我国养羊水平与发达国家相比，还有很大差距，除了养殖模式还比较落后外，羊病的发生和流行是制约我国养羊业健康发展的重要因素之一。尽管长期以来防疫水平和饲养卫生状况在不断改善，但对羊病的诊治仍需不断改进和提高技术手段。为了适应当前养羊业的形式，应中国农业出版社邀请，编写了《羊病快速诊治实操图解》一书。

本书内容包括羊病基础知识、羊场管理和疾病防治、羊病诊治常规方法和技术、羊场常用药物、体表症状与相关疾病、消化系统症状与相关疾病、呼吸系统症状与相关疾病、泌尿系统症状与相关疾病、神经系统症状与相关疾病、其他系统症状与相关疾病，以及羊的免疫、驱虫和羊场消毒等内容，以便适应于养羊业的羊病诊治需求。

书中采用了大量插图、照片，在此对绘图的苏华老师、提供照片的内蒙古农业大学家畜寄生虫实验室和传染病实验室的老师、国家科技支撑项目子课题"舍饲草食畜疾病防控技术集成"（编号：2007BAD56B06）的老师表示深深的谢意。

　　编者在本书编写过程中尽管做了不少努力，但不足和错误在所难免，恳请读者指正，以便进一步改进和提高。

编　者

2017 年 9 月

目 录

第一章　羊病基础知识

一、羊病分类

1. 根据病因，一般将羊病分为传染病、寄生虫病和普通病

（1）传染病　指由病原微生物（细菌、病毒、支原体等）感染动物引起的具有传染性的疾病。有些急性烈性传染病会使羊大批发病和死亡，给养羊业造成严重损失。

（2）寄生虫病　指由寄生虫（线虫、绦虫、吸虫、蜱、螨、虱、蝇、原虫等）侵入羊体或侵害体表引起的疾病。寄生虫寄生于羊体时，损伤组织器官、夺取机体营养、产生有毒物质，使羊消瘦、贫血、生产性能下降，严重者可导致羊死亡。

（3）普通病　包括传染病和寄生虫病以外的内科病、外科病、产科病、中毒和营养代谢病等。如瘤胃臌胀、肠阻塞（肠套叠、肠扭转、肠缠结、肠嵌闭）、尿道结石、骨折、难产、维生素或微量元素缺乏病等。

2. 我国农业部对羊疫病的分类：分为一类、二类和三类

（1）一类羊疫病（5种）　口蹄疫、痒病、蓝舌病、小反刍兽疫、绵羊痘和山羊痘。

（2）二类羊疫病（2种）　山羊关节炎脑炎、梅迪-维斯纳病。

（3）三类羊疫病（6种）　肺腺瘤病、传染性脓疱、羊肠毒血症、干酪性淋巴结炎、绵羊疥癣、绵羊地方性流产。

3. OIE[①]所列必须报告的羊疫病（2017年1月1日更新）

口蹄疫、痒病、蓝舌病、小反刍兽疫、绵羊痘和山羊痘、炭疽、裂谷热、伪狂犬病、细粒棘球蚴感染、多房棘球蚴感染、狂犬病、副结核病、心水病、新大陆螺旋蝇蛆病（嗜人锥蝇）、Q热、野兔热、利什曼病、旋毛虫病、布鲁氏菌病、绵羊附睾炎（绵羊布鲁氏菌病）、梅迪/维斯纳病、传染性无乳症、山羊关节炎/脑炎、山羊传染性胸膜肺炎、流产衣原体感染（地方流行性母羊流产，绵羊衣原体病）、内罗毕绵羊病、沙门氏菌病（流产沙门氏菌）、克里米亚刚果出血热、流行性出血病、东部马脑脊髓炎、日本脑炎、旧大陆螺旋蝇蛆病（倍赞氏金蝇）、西尼罗热。

二、传染病的发生与流行

传染病的发生和流行包括传染源、传播途径和易感动物三个基本环节。羊传染病在羊群中发生、传播和流行，必须具备这三个环节。因此，掌握传染病流行过程的基本环节及其影响因素，有助于制订正确的羊传染病防疫措施，以控制疫病的蔓延和流行。

1. 传染源

亦称传染来源，主要是患病羊和携带病原体的羊，共患传染病的其他动物也可成为传染源。

（1）患病羊　是主要传染源，其排出病原体的时间称为传染期。不同传染病传染期长短不同，其是确定隔

①OIE：指世界动物卫生组织（World Organisation for Animal Health），我国于2007年5月成为该组织成员，根据该组织的规定，组织的成员必须向其报告规定的动物疫病。

离期的主要依据。为了控制传染源，对患病动物的隔离应至传染期结束为止。

（2）病原体携带羊 是指外表无症状但携带并排出病原体的羊，一般分为潜伏期、恢复期和健康带菌（病毒）羊3类。

潜伏期带菌（病毒）羊：是指感染病原体后至症状出现前的羊。在这一时期，大多数传染病的感染羊体内病原体数量少，一般不向体外排出病原体，无传染源的作用，但有少数传染病，如狂犬病、口蹄疫等，在潜伏期的后期感染羊能排出病原体。

恢复期带菌（病毒）羊：是指临床症状消失后仍带有病原体的羊。一般来说，这一时期的羊传染性已逐渐减少或无传染性，但还有一些传染病，如布鲁氏菌病等在临床痊愈的恢复期仍能排出病原体。

健康带菌（病毒）羊：是指过去没有患过某种传染病但带有病原体的羊。这种携带状态多时间短暂，一般不向体外排出病原体，但是，巴氏杆菌、大肠杆菌、沙门氏菌等健康羊携带者为数众多，可成为重要的传染源。

2. 传播途径

指病原体由感染羊排出后，经一定的方式再侵入其他易感羊的过程。动物传染病的传播途径比较多，每种传染病都有其特定的传播途径。有的可能只有一种途径，如皮肤霉菌病、虫媒病毒病等；有的有多种途径，如炭疽、口蹄疫、羊痘等。传播途径还分为水平传播和垂直传播。

（1）水平传播 即传染病在羊群之间或羊之间以水平形式横向平行传播，包括直接接触和间接接触两种传播方式。

①直接接触传播 是指病原体通过被感染羊与易感羊直接接触（交配、舐咬等）、不需要任何外界因素参与

引起的传播方式。其流行特点是一只接一只地发病，形成明显的链锁状。

②间接接触传播　是指病原体通过传播媒介，如污染的工具、饲料、垫料、饮水、土壤、空气、人、节肢动物、野生动物和鼠类等，使易感羊发生感染。有以下主要途径：

呼吸道感染（空气传播）：飞散于空气中带有病原体的微细泡沫引起的传播称为飞沫传播，呼吸道感染的传染病主要通过飞沫传播，如口蹄疫、结核病等，患病羊通过咳嗽、喷嚏或喘息把带有病原体的飞沫排到空气中，被易感羊吸入而感染。在干燥、光亮、温暖和通风良好的环境，飞沫飘浮的时间较短，其中的病原体（特别是病毒）较快死亡；动物群体密度大、潮湿、阴暗、低温和通风不良时，病原体不易灭活，飞沫传播的作用时间较长。感染羊排出的含有病原体的分泌物、排泄物和处理不当的尸体散布在外界环境中，干燥后，因空气流动使带有病原体的尘埃飘浮在空气中，易感羊吸入而感染，即为尘埃传播。尘埃传播的时间和空间范围比飞沫传播大，尘埃可随空气流动转移到其他地区。只有少数对外界环境抵抗力强的病原体可通过尘埃传播，如结核杆菌、炭疽杆菌等。

经空气传播的传染病的流行特征是：病例常连续发生，新发病者多为病羊周围的羊；潜伏期短，疾病多集中暴发；多有周期性和季节性，一般以冬春季多见；发病常与圈舍条件差及拥挤有关。

消化道感染：病羊或携带病原体羊的分泌物、排出物和病羊尸体及其被污染的饲料、牧草、饲槽、水池、水井和水桶等，或由某些被污染的用具、车船、圈舍等进一步使饲料和饮水污染，病原体经消化道感染羊。因此，在防疫上应特别注意防止饲料、饮水、饲料仓库、饲料加工厂、圈舍、牧地、水源、用具等的污染，并做好相应的防疫消毒工作。

皮肤和黏膜感染：炭疽、气肿疽、破伤风等病原体能在土壤中长期生存，可通过体表皮肤和黏膜伤口感染；节肢动物（蚊、蜱、虻、蠓、蝇、虱、螨和蚤等）作为动物传染病媒介通过叮咬羊而造成疫病传播；使用体温计、注射针头以及其他器械的过程中如消毒不严也可传播疾病。

另外，人工授精用的精液、胚胎移植用的卵胚、注射用的各种血液制品等，也可引起疫病的传播。

（2）垂直传播 从亲代到其子代之间的纵向传播形式称为垂直传播。主要包括两种传播途径：受感染的怀孕母羊所携带的病原体经胎盘血流感染胎儿，称为胎盘传播，如蓝舌病、伪狂犬病和布鲁氏菌病等；病原体经怀孕母羊阴道通过子宫颈口到达绒毛膜或胎盘引起胎儿感染，或胎儿从无菌的羊膜腔暴露于严重污染的产道时，胎儿经皮肤、呼吸道、消化道感染母体的病原称为产道传播，如大肠杆菌、葡萄球菌、链球菌和沙门氏菌等可经产道感染。

3. 易感羊

指对某种病原体缺乏免疫力而容易感染的羊。羊群的易感性是指该群羊作为整体对某种病原体的易感染程度，羊群中易感羊的数量直接影响到传染病是否能流行以及疫病的严重程度。羊的易感性主要与遗传性状、免疫状态、营养状况等因素有关。病原体的毒力、外界环境因素等都可能影响到动物易感性和病原体的传播。

三、羊病发生的主要影响因素

1. 饲料营养搭配不合理

饲喂的饲料单一，造成某些营养成分不足，引起营养代谢病或继发其他疾病。例如：在精料中不添加预混料或添加不合理的预混料，羊摄入维生素和微量元素不足导致相应的代谢病。

2. 饲养密度大、羊接触率高

随着养羊业集约化、现代化程度的提高，牧区已开始实行放牧加补饲的方法养殖羔羊，半牧区也已采取放牧与舍饲相结合的方式养羊，农区多采用舍饲为主的养羊模式，养羊业呈现出饲养规模不断扩大、养殖密度逐渐增加的发展趋势，以致羊密度增加、接触率升高，进而导致传染病等疾病多发。

3. 羊流动性加大和不规范引种

由于交通运输的便利，不同区域羊的流通速度和数量增加，同时也增加了羊疫病传播的风险；为了追求高效益，养殖场（户）引进繁殖性能优、生长速度快且生产性能高的良种羊，但未按规定进行隔离、检疫，使不同区域、不同繁育体系间的羊病相互传播。

4. 羊场规划设计不合理、羊舍卫生环境条件差

科学规划设计羊场是保证生产的前提条件，科学合理的羊场规划设计可以使建设投资减少、生产流程通畅、劳动效率提高、生产潜力得以发挥、生产成本降低。反之，不合理的规划设计将导致生产指标无法实现，羊场亏损甚至破产，还会增加防疫难度，导致疾病的发生。

5. 消毒防疫不严格

羊场没有制定科学有效的消毒与防疫制度或制度执行不严格，没有根据当地疫情制定科学合理的免疫程序，使疫病免疫防控效果不确定。

6. 缺乏专业技术人员

部分羊场的兽医技术人员业务水平不能满足疫病防

控的需求，也有部分羊场没有专职的兽医人员，免疫、驱虫、疾病监测和检查由饲养员等非专业人员代替，由此造成误诊、漏诊以及错误操作等问题，不同程度地影响羊病的防控和诊治。

四、发生疫病后的应急处理措施

（1）及时发现疫病，快速诊断疾病　一旦发生疫情，畜主或兽医人员应立即上报疫情，不得瞒报、谎报和缓报。

（2）确诊病羊，迅速隔离　发病羊应与健康羊隔离，确诊前不得离开隔离场所，饲养管理要由专人负责，出入必须消毒。

（3）一类疫病或二类疫病暴发流行时，应立即采取封锁等综合性防控措施　根据所发传染病的危害程度，划定疫点、疫区、受威胁区，进行严格封锁。当地兽医主管部门报请当地人民政府批准，下达封锁令进行封锁。进出疫点所有路口要由专人把守。进出疫区的主要道路必须建立临时性检疫消毒站，配备消毒设备。严禁疫点、疫区内的动物及动物产品运出。关停疫区内的畜禽交易市场，禁止畜禽及其产品交易。经采取综合性防控措施后，在最后一只病羊死亡或被扑杀后，经过一个最长潜伏期，无新发病例，全面彻底消毒后，达到解除封锁的条件，即可报请当地人民政府下达解除封锁令，解除封锁。

（4）接种疫苗，提高免疫力　疫区和受威胁区的易感羊紧急接种相关疫苗，并加强饲养管理和消毒管理，提高易感羊群抗病力。

（5）合理治疗，减少经济损失　除一类疫病外，患其他传染病的病羊在严格隔离的条件下，进行合理的治疗，争取早日康复，减少经济损失。

（6）消毒或焚烧　对污染的圈舍、运动场及病羊接触的物品和用具等，要进行彻底的消毒或焚烧处理。

（7）无害化处理　死羊和淘汰病羊要严格按照相关处理办法作无害化处理。

第二章 羊场管理与疾病防控

一、羊场选址与布局

1. 场址选择要求

（1）地形和地势 冬暖夏凉的环境是羊适宜的生活环境，羊场应选建在地势高、地下水位低、避风向阳、地形开阔整齐、排水良好和通风干燥的平坦地方。山区坡地建场，应选择在坡度平缓、向南或向东南倾斜处，以利阳光照射和通风采光。羊场要远离沼泽、低洼涝地、山洪水道、风口处。

场址的土质要坚实、质地均匀，透水性强，吸湿性和导热性小，以抗压性强的砂质土壤最好。要有利于排出积水、防潮，不易损伤羊体。

（2）防疫和环境保护 羊场选址要充分考虑环境保护和防疫条件，无论是山区、半山区还是平原地区，都要符合环境保护、羊只生长、卫生防疫要求，发生疫情时容易隔离和封锁。

场区周围3千米内无大型化工厂、采矿厂、皮革厂、肉品加工厂、屠宰厂及畜牧场等污染源；禁止在国家和地方法律规定的水源保护区、旅游区、自然保护区等区域建场，不可在传染病疫区建场。羊场与居民点之间的距离应保持在300米以上，与其他养殖场的距离应保持

500米以上。

羊场周围应有围墙或防疫沟，并建立绿化隔离带等人工或天然屏障，做到羊场与周围环境互不污染。

（3）饲草料资源　充分考虑放牧条件和饲草料的供给。以舍饲为主的羊场和育肥羊产区，要有足够的饲草料基地或饲草料来源；牧区要有充足的放牧场地，并能满足轮牧要求。

（4）水源　羊场要有水量充足的水源，水质符合饮用水标准，便于取水和卫生防护，并易于对水进行净化和消毒。可用井水、泉水、自来水等清洁卫生的水。

（5）电力　选择场址有可靠的供电条件，电力负荷能满足生产需要和稳定供电。集约化程度较高的羊场要自备发电机，以保证场内供电。

（6）交通　羊场选址有利于防疫的同时，还要考虑方便运输饲料、饲草、活羊等物资，要有专用道路与公路相连。

（7）发展规划　羊场的选址要与当地畜牧业发展规划和生态环境条件相适应，规划要为扩大生产规模留有余地。种羊场最好建在商品羊生产基础较好的地区，以便于就近推广和组织生产。

2. 羊场布局原则

羊场总体规划应符合生物安全规定，遵循生产区和生活区隔离、病羊和健康羊隔离、饲料原料与副产品及废弃物转运互不交叉的原则。

羊场建筑布局必须按彼此间的功能联系统筹安排。尽量做到既配置紧凑、少占地，又能保证卫生、防火安全；保证最短的运输、供电、供水线路，便于组成流水作业线，实现专业化有序生产。功能相同的建筑物应靠近或集中在一个或几个建筑物内，供电、供水、供热设施应设在生产区中心，道路应取直线铺设，以缩短地上、地下、管线和交通运输线。羊舍应平行整齐排列，需饲草饲料最多的羊舍应靠近饲草饲料调制间。同时，应合理利用地形地势、主导风向与光照条件，如利用坡地有利于排水、供水，有利于运输时重载顺坡下滑，减轻劳动强度，提高运输效率。在寒冷地区，可利用局部隆起的高地挡风，而炎热地区则宜选择开阔地带以利通风。羊舍的朝向也应结合地形和主导风向，因地制宜地加以考虑，我国地处北纬20°~50°，太阳高度角冬季小、夏季大，故羊舍采取南向，冬季有利于阳光照入舍内提高舍温，夏季可防止强烈的太阳照射，以免引起舍内温度增高，故在全国大多地区羊舍为南向配置为好。

3. 羊场布局

羊场通常分为管理区、生产区、生产辅助区、隔离区，各功能区之间严格防疫并联系方便。管理区应位于生产区和生产辅助上风向或侧风向处，隔离区位于生产区和生产辅助区下风向或侧风向处，各区之间的距离在300米以上。

（1）管理区 管理区应安排在地势较高处，最好能由此望到全场的其他房舍。包括办公室、生活用房、门卫值班室等。管理区应与生产区分开，单独设立。

（2）生产区 生产区是羊场的主体，包括羊舍、道路和运动场等。

羊舍：一般分为种公羊舍、种母羊舍、产房、羔羊舍、育成羊舍、成年羊舍等。同类羊舍间距一般为8~10米，不同类羊舍间距为30~50米。种公羊舍要靠近人工授精室，但应与种母羊舍保持一定距离；种母羊舍与羔羊舍（或产羔舍）应相邻。按当地主导风向布局，如本地主导风向是由北向南的北风，羊舍的布局由北向南依次应该是种母羊舍、产房、羔羊舍、育成羊舍、成年羊舍。

净道：用于运送草料、产品等的道路；

污道：用于运送粪污、病羊及死羊等的道路。

道路：羊场路面要求坚实、排水良好。分净道和污道，两者严格分开，不得交叉混用。净道用于运送草料、产品等，污道专运粪污、病羊和死羊等。道路宽窄既要达到方便运输，又要符合防疫和消防车防火通道的要求。

运动场：应建在背风向阳、平坦、稍有坡度的地方，以便排水和保持干燥。运动场可设置在羊舍之间，周围建1.2～1.5米高度的围栏或围墙，也可设置在羊舍两侧或场内较开阔的地方。单列式羊舍应坐北朝南排列，运动场应设在羊舍的南面；双列式羊舍应南北向排列，运动场设在羊舍的东西两侧，以利于采光。运动场可采用三合土或砖铺地面，应低于羊舍地面，并向外稍有倾斜，运动场围栏外侧应设排水沟。在运动场两侧可设置遮阳棚或种植树木，以利夏季遮阳。

生产区四周应设围墙，大门入口处必须设置消毒池、更衣室、消毒室等设施。在生产区内应按规模大小、饲养批次的不同，将其分成几个小区，各小区之间应相隔一定的距离。

(3) 生产辅助区　包括羊场生产所必需的附属建筑物，如更衣消毒室、饲料加工车间、饲料仓库、维修间、锅炉房等。它们与饲养工作有密切联系，应布置在生活管理区与生产区之间。

辅助区内用于饲料供应、贮存、加工调制等的建筑物，应设置在生产区地势较高的下风向处，既可方便饲草料运入和分送，也可避免外界车辆进入生产区内。干草、垫草的堆贮点与其他建筑物保持至少60米的防火安全距离。

(4) 隔离区　包括隔离舍、兽医室、病死羊无害化处理设施和粪污处理场等，粪污处理场应布置在距生产区最远处，并与兽医室、隔离舍保持防疫间距。

(5) 排水　羊场内排水设施可设下水道，分"明沟"

和"暗沟"，雨水走"明沟"，生产污水走"暗沟"。

（6）绿化 在生产区、生活区及生产管理区的四周应建有绿化隔离带，以利于改善场内小气候、净化空气、减少尘埃和噪声。

总之，羊场的规划布局只能根据现场的具体条件、经营方向、饲养管理特点等，遵照上述基本原则，因地制宜来制订，不应生搬硬套。

二、羊场饲养管理基本原则

1. 羔羊的饲养管理

羔羊是指从出生到断奶阶段的幼龄羊。羔羊生长发育快，但体质较弱、抵抗力差、易发病。搞好羔羊的护理和培育工作，可提高羔羊成活率，充分发挥其生长潜能，增加对外界环境的适应能力。其具体饲养管理原则主要有以下几方面：

羔羊生长的适宜温度为15～20℃。对于新出生的羔羊，室温应不低于15℃，当环境温度低于15℃时，应采取保温措施。

（1）尽早喂初乳 初乳是指母羊产后3～5天内分泌的乳汁。初乳含有免疫球蛋白、白蛋白、溶菌酶、大量镁盐等，对羔羊抵抗疾病、增强体质、排出胎粪有重要作用。羔羊出生初期肠道对抗体吸收能力最强，以后逐渐下降，出生36小时后，吸收初乳抗体的能力显著降低。羔羊出生后1小时内吃上初乳效果最好。一胎多羔时，产羔间隔时间较长，可分批次喂给初乳。母性强的母羊，产下的羔羊能自己吃初乳。初产母羊或护羔行为不强的母羊所产羔羊或初生弱羔，需人工辅助哺乳。人工辅助哺乳方法是：保定好母羊，把羔羊推到母羊乳房附近，辅助羔羊吃乳，如此反复几次后，羔羊可自行吃乳。对

羔羊补饲量：15～30天日喂量为50～75克，30～60天达到100克，60～90天达到200克，90～120天达到250克。

丧母的初生孤羔，要为其找保姆羊。为避免保姆羊拒绝喂奶，可把保姆羊的乳汁涂到待寄养羔羊头部和躯体上，以诱导母羊认羔。对吃不到初乳、哺乳不足的羔羊和弱羔，要进行人工喂养。

（2）加强羔羊护理　初生羔羊体温调节机能较弱，免疫组织有待进一步发育，血液中免疫抗体少，肠道消化和防御功能差，适应性和抗病能力较低，故生后1周内的羔羊死亡较多，在此期间需要加强护理。除及时哺喂初乳外，还要注意搞好棚圈卫生，加强通风换气，避免贼风侵袭，保证适宜的温度，哺乳时间要均匀，以提高羔羊成活率。通常7天之内死亡羔羊占全部羔羊死亡率85%以上，危害较大的病是"三炎一痢"（即肺炎、肠胃炎、脐带炎和羔羊痢疾），对这些疾病要重点预防。

（3）羔羊断尾　为了保持羊毛的清洁，防止发生寄生虫病，有利于母羊配种，羔羊生后1周左右即可断尾。身体瘦弱的羔羊或天气过冷时，可适当延长断尾时间。最好在晴天的早上进行，不要在阴雨天或傍晚进行，以免引起伤口感染。

（4）羔羊去势　羊去势后性情温驯，管理方便，节省饲料，羊肉膻味小，凡不作种用的公羔一律去势。公羔出生后以2~3周去势为宜，如遇天冷或体弱的羔羊，可适当延迟去势时间。去势和断尾可同时进行，最好在上午进行，以便全天观察和护理。

（5）早期断奶　羔羊早期断奶可缩短母羊的繁殖周期，减少空怀时间，减轻母羊哺乳负担，提高母羊繁殖效率；早期断奶便于实施母羊同期发情和人工授精，使母羊产羔整齐、产羔集中，实现羔羊集中育肥、集中出栏。

早期断奶方法：羔羊在40~60日龄断奶，羔羊出生后7~10天开始训练采食，可以制作颗粒饲料训练，增加羔羊补饲槽。要逐渐进行断奶，羔羊计划断奶前10天，晚上羔羊与母羊在一起，白天将母羊与羔羊分开，让羔羊在饲槽和饮水槽的补饲栏内活动。羔羊活动范围的地面应干燥、防雨、通风良好。另外，要及时做好羔羊的防疫。

2. 育成羊的饲养管理

育成羊是指羔羊从断奶后到第一次配种的母羊和公羊，多在3～18月龄。一般分为两个阶段，即育成前期（8月龄前）和育成后期（8月龄后）。

（1）育成前期 育成前期尤其是刚断奶不久的羔羊，瘤胃容积有限而且机能不完善，对粗饲料的利用能力弱，但其生长发育快，这一阶段的饲养将直接影响羊的体格大小、体型和成年后的生产性能。育成羊的饲养应根据生长速度的快慢、需要营养物质的多少分别组成公、母育成羊群，结合饲养标准，给予不同营养水平的日粮。育成前期羊的日粮要以混合精料为主，结合放牧或补喂青干草和青绿多汁饲料，日粮的粗纤维含量以15%～20%为宜。

冬羔断乳后，正值青草萌发期，育成前期的羔羊可由舍饲向青草期过渡。放牧时主要是防止跑青，控制游走，增加采食时间，让羊群多吃少走。春羔断乳后，采食青草期很短，很快进入枯草期，入冬前要贮备足够的青干草、树叶、作物秸秆等，同时还要贮备青贮料、胡萝卜等多汁饲料。

（2）育成后期 育成后期羊的瘤胃消化机能基本完善，可采食大量的牧草和农作物秸秆。育成羊可以放牧为主，结合补饲少量的混合精料或优质青干草。公、母羊在发育近性成熟时应分群饲养，一般育成母羊在满8～10月龄、体重达到40千克或达到成年体重的65%以上时基本性成熟，可以配种。育成母羊不如成年母羊发情明显和有规律，要注意发情鉴定，以免漏配。公羊12月龄以后、体重达到60千克以上时，可采精或配种。在配种前应供给充足的饲草料，保证营养水平，保持育成羊良好的体况，以实现多受胎、多产羔、多成活的生产目的。

育成羊的免疫和驱虫要根据当地传染病和寄生虫病发生的情况和规律，制定科学合理的免疫程序和驱虫用药程序，有组织地搞好疫苗注射和驱虫工作。

3. 繁殖母羊的饲养管理

繁殖母羊应选择体型适中、体态紧凑丰满、背腰平直、后腹部稍大、四肢端正、活动灵活、乳房及生殖器官发育良好的母羊。繁殖母羊的生理周期可分为空怀期、妊娠期和哺乳期三个阶段，妊娠期可分为前期（3个月）和后期（2个月），哺乳期为2个月。

（1）空怀期母羊　空怀期是指羔羊断奶后到母羊再次配种前的时期。在该时期要抓好膘情，恢复体况，对体况较差的母羊，应在配种前加强营养，增加精料和优质饲草，抓好膘情，这样才能促进母羊发情、排卵及受孕。

（2）妊娠期母羊　母羊妊娠期平均为152天（范围为142～161天）。

在妊娠前期由于胎儿生长发育比较慢，母羊需要的营养物质和空怀期基本相同，可以维持空怀时的饲喂水平。此期要保证受精卵正常着床，防止流产。注意不要饲喂发霉、变质、冰冻或其他劣质饲料，不得空腹饮水和饮冰碴水，日常管理中防止出现惊吓、驱赶等剧烈动作，避免母羊流产；妊娠后期是胎儿生长发育最快的时期，胎儿90%初生体重在此期完成生长。要适当增加蛋白质、钙、磷、维生素A、维生素E和维生素D等的供给。母羊产前1个月，应适当控制粗饲料的饲喂量，尽可能饲喂质地柔软的饲料，如青贮、青绿多汁饲料，精料中增加麸皮喂量。母羊分娩前10天，应根据母羊的消化、食欲状况，逐渐减少饲料喂量。母羊产前2～3天，一般饲料喂量应减少1/3～1/2，以防母羊分娩初期奶水过多或过浓而引起乳房炎和羔羊消化不良。

此阶段的母羊要坚持适度运动，以防难产。在预产期前1周，将母羊转入产羔哺乳舍，发现母羊有临产征兆，应立即将其转入产房。对已进入分娩栏的母羊，应不间断观察，做好接产工作。

（3）哺乳期母羊　实行羔羊早期断奶，哺乳期一般为40～60天。哺乳前期是指羔羊出生后1个月，尤其是出生后15～20天内，这一时期母乳是羔羊唯一的营养来源。在该时期，必须增加母羊营养水平，以提高泌乳量和乳汁质量，确保羔羊吃到充足的乳汁。在产后1周内，哺乳期母羊和羔羊最好舍饲。在天气晴好、暖和时，可在附近放牧，1周后逐渐延长运动或放牧时间。母羊产后逐渐增加精料和优质青草，不要突然增加大量精饲料，防止母羊乳房炎和羔羊消化不良等现象的发生。在断奶前1周逐渐减少母羊多汁饲料、青贮饲料和精料的饲喂量。

哺乳期内经常检查母羊乳房，如有乳房炎、乳头损伤等情况，要及时采取相应措施。

4. 种公羊的饲养管理

种公羊对整个羊群的生产性能和品质起决定性作用。种公羊数量少，必须精心饲养管理，要保持良好的种用体况，即四肢健壮、体质结实、膘情适中、精力充沛、背腰平直、睾丸发育好、性欲旺盛、精液品质好。

种公羊的饲草料力求多样化，营养全价，容易消化，适口性好。粗饲料应有优质青干草、苜蓿干草、三叶草等，精料有燕麦、大麦、豌豆、玉米、豆饼、麦麸等，多汁饲料有胡萝卜、甜菜、玉米青贮等。

种公羊最好的饲养管理方式是放牧加补饲。在非配种期的饲草料能满足其正常生理活动需要的营养成分，要适当的放牧或运动，保持良好体况。配种预备期应适当提高营养水平，并逐步增加到配种期的饲养标准。要定期抽检每只公羊的精液品质，以确定各公羊的利用强度。配种期要提供足够的饲草料，以保证种羊的体重、体况和精液品质。配种后期的公羊以恢复体力和增膘复壮为主，开始时精料喂量不减，增加放牧时间，经过一段时间后再适量减少精料，逐渐过渡到非配种期饲养水平。

种公羊舍要求环境安静，远离母羊舍，以减少发情母羊和公羊之间的相互影响。种公羊应单独饲养（每只公羊需要2~3米²），避免相互爬跨和顶撞。种公羊配种、采精要适度，以保证公羊有持久而旺盛的配种能力。

小公羊要及时进行生殖器官检查，对睾丸发育不良、阴茎短小、包皮偏厚、雄性特征不明显者要及早淘汰。

5. 育肥羊的饲养管理

育肥羊是指断奶羔羊或成年羊通过育肥出栏的羊。育肥是在较短时期内采用不同的饲养方法，使羊达到体壮膘肥，适于屠宰。根据羊的年龄，分为羔羊育肥和成年羊育肥。羔羊育肥是指1周岁以内没有换永久齿幼龄羊的育肥。成年羊的育肥是指成年羯羊和淘汰老弱母羊的育肥。

育肥前的准备工作包括以下方面。分群：将不留作种用的断奶公羔、淘汰成年羊按年龄、性别、强弱等分群；去势：对准备育肥用的公羔在2~3周龄时去势，去势后的羔羊应放在洁净的圈舍内，以防感染；驱虫：对育肥羊应用驱虫剂驱除体内外寄生虫，常用驱虫药物有阿维菌素、左旋咪唑、丙硫苯咪唑等；健胃：用人工盐（每次2~3克/只，口服）等健胃药灌服每只育肥羊，以增强消化系统消化吸收功能，促进体重增加。

按照饲养标准配制日粮，舍饲育肥精饲料占日粮的45%～60%，精饲料比例应逐渐增加，要预防精饲料采食过多，造成羊胃肠道消化功能紊乱，引起瘤胃臌胀、前胃弛缓、瓣胃阻塞、瘤胃积食等疾病。

三、羊场防疫基本原则与措施

1. 防疫基本原则

羊场疫病防制的基本原则应为"养重于防，防重于治""预防为主、治疗为辅"。

"养"是指羊场的饲养环境和设施、饲草料供给、管理水平、饲养技术等，养殖过程的各环节和各方面均与疾病发生有紧密联系。例如，羊舍条件差，在寒冷季节可能冻伤或冻死羔羊，夏季酷暑造成羊只中暑；饲草料供应不足或营养配比不当，可直接引起羊营养不良、代谢病（钙磷缺乏症、维生素和微量元素缺乏症、酮病等）等，继发病原体感染，导致传染病和寄生虫病多发；羊场管理人员科学饲养意识淡薄，不注重防疫制度的建立和实施，使羊场疾病发生的隐患增加。总之，养殖条件和养殖过程出现问题，是导致羊发病的基本因素。

"预防为主、防重于治"是控制疾病的主要原则。采取综合性配套防疫卫生措施，制定科学合理的免疫程序和用药程序，并严格执行，对疾病防控能起到关键作用。在规模化饲养中，兽医工作的重点应放在群发病的预防方面，而不是忙于治疗个别患病动物，否则势必造成越治患病动物越多，发病率不断增加，工作完全陷入被动的局面，这是一种本末倒置的做法。因此，防控羊病，必须严格执行《中华人民共和国动物防疫法》，树立牢固的防疫意识。

2. 羊场防疫措施

（1）自繁自养　选择健康的良种公羊和母羊，进行自行繁殖，可以提高羊的品质和生产性能，增强对疾病的抵抗力，并可减少入场检疫的工作量，防止因引种带入病原体。

（2）严格检疫　羊从出生到出售，要严格执行入场检疫、收购检疫、运输检疫和屠宰检疫。羊场或养羊户引进羊时，要从非疫区购入，并经当地兽医检疫部门检疫，检疫合格的羊方可引入；运抵目的地后，经所在地兽医部门验证、检疫并隔离观察1个月以上，确认为健康羊，经驱虫、消毒和补注疫苗后，才可混群饲养。羊场的饲料和用具，要从非疫病地区购入，以防疫病传入。

（3）免疫接种　疫苗免疫是预防重大传染病的主要方法，通过免疫接种能激发羊体产生特异性免疫力，使其对某种传染病从易感转化为不易感。羊场要根据本场或本地区羊疫病的流行情况，制定科学合理的免疫程序。首先，应确定疫苗免疫的种类，口蹄疫疫苗、小反刍兽疫疫苗国家规定强制免疫，即为必须免疫的疫苗；羊痘疫苗、羊三联疫苗、布鲁氏菌病疫苗是几种常规免疫疫苗；根据羊场和养殖地区的情况，也可免疫其他疫苗，如羊支原体病（羊传染性胸膜肺炎）疫苗、狂犬病疫苗、伪狂犬病疫苗等。疫苗在运输和保存过程中要低温，使用时注意疫苗是否在有效期内，按照说明书采用正确方法免疫，如疫苗稀释后一定要摇匀，并注意免疫剂量、免疫途径（喷雾、口服、肌内注射、皮内注射）等，注意免疫时不能遗漏。免疫弱毒活菌苗时，不能同时使用抗生素等抗菌类药物。

（4）环境卫生　羊舍、羊圈及用具应保持清洁、干燥，每天清除粪便及污物，将粪便堆积制成肥料。饲草保持清洁干燥，防止发霉腐烂，饮水要清洁。清除羊舍周围的杂物、垃圾，填平死水坑，消灭鼠、蚊、蝇等。

（5）羊场消毒　消毒是指运用各种方法消除或杀灭饲养环境中的各类病原体，减少病原体对环境的污染，切断疾病传染途径，防止疾病发生和流行，以达到控制和消灭传染病的目的。

四、羊场防疫管理制度

羊场要制定科学有效的防疫管理制度，并严格落实执行。

①饲养管理人员应经常保持个人卫生，定期进行人畜共患病检疫，并进行免疫接种，如卡介苗、狂犬病疫苗等。如发现患有危害羊及人的传染病（如布鲁氏菌病、结核病等）者，应及时调离，以防传染。

②饲养人员除工作需要外，一律不准在不同区域或栋舍之间相互走动，工具不得互相借用。任何人不准带饭，更不能将生肉及含肉制品的食物带入场内。

③场区禁止参观，严格控制非生产人员进入生产区，若生产或业务必需，经兽医同意、场领导批准后更换工作服、鞋、帽，经消毒室消毒后方可进入。严禁外来车辆入内，若生产或业务必需，车身经过全面消毒后方可入内。在生产区使用的车辆、用具，一律不得带出，更不得私用。

④生产区不准养猫、养犬，职工不得将宠物带入场内，不准在兽医诊疗室以外的地方解剖尸体。建立严格的兽医卫生防疫制度，羊场生产区和生活区分开，入口处设消毒池，设置专门的隔离室和兽医室，做好发病时隔离、检疫和治疗工作。控制疫病范围，做好病后的消毒、净群等工作。当某种疫病在本地区或本场流行时，要及时采取相应的防治措施，并要按规定上报主管部门，

采取隔离、封锁等措施。

⑤长年定期灭鼠，及时消灭蚊蝇，以防疾病传播。对于死亡羊的检查，包括剖检等工作，必须在兽医诊疗室内进行，或在距离水源较远的地方检查。剖检后的尸体以及死亡羊的尸体应深埋或焚烧。本场外出的人员和车辆，必须经过全面消毒后方可回场。运送饲料的包装袋，回收后必须经过消毒方可再利用，以防止污染饲料。

⑥定期驱虫，查明羊群寄生虫种类的基础上，根据羊的发育状况、体质、季节特点和寄生虫的耐药性情况选用驱虫药。用新驱虫制剂或新驱虫方法时，应先小群试验，然后再大群推行。

⑦饲草料要贮存在干燥、通风的地方，饲喂前仔细检查，不能饲喂发霉变质的饲草料。严禁在喷洒过农药和有毒草的草场放牧，灭鼠时，管理好灭鼠药，防止混入饲草、饲料、饮水等引起羊中毒。

⑧及早发现疾病，及时正确诊断并采取有效防疫措施。要求饲养人员每天认真观察羊的采食、饮水、运动、粪便、排尿等情况，如发现异常及时汇报，兽医要及早做出疾病诊断或尽快送相关部门诊断，尽早采取有效措施，防止疫病蔓延。治疗应在严格隔离条件下进行，同时应在加强管理、增强机体自身防御能力的基础上，针对症状和病因进行治疗。

五、羊场消毒

消毒方法主要有物理消毒（过滤消毒、热力消毒和辐射消毒等）、化学消毒（醛类、酚类、醇类、酸类和碱类等）和生物消毒（发酵消毒）等。

1.门口消毒

羊场大门口应设置消毒池，长度为汽车轮胎周长1.5

倍以上，宽度应与门的宽度相同，水深10～15厘米。内放2%～3%氢氧化钠溶液或其他消毒液，消毒液1周更换一次。北方在冬季可使用生石灰粉代替消毒溶液。

2. 人员消毒

工作人员进入羊场时，要更换工作服、鞋、帽，经消毒室消毒（鞋经地面消毒池、衣服紫外线照射）后方可进入。饲养人员进入羊舍时，应穿专用的工作服、胶靴等，并对其定期消毒。工作服采取煮沸消毒，胶靴用3%～5%来苏儿等消毒液浸泡。工作人员在工作结束后，尤其在场内发生疫病时，工作完毕，必须经消毒后方可离开现场。具体消毒方法是：将穿戴的工作服、帽及器械物品浸泡于有效化学消毒液中。对于接触过烈性传染病的工作人员可采用抗生素预防。平时消毒可采用消毒药液喷洒法，不需浸泡。直接将消毒液喷洒于工作服、帽上；工作人员的手及皮肤裸露处以及器械物品，可用蘸有消毒液（如75%酒精）的纱布擦拭，而后再用水清洗。

3. 羊舍消毒

常规消毒每年春、秋各一次。常用消毒药有10%～20%石灰乳、生石灰粉和10%漂白粉溶液等。消毒前首先清除羊舍地面粪便和墙壁与顶棚的灰尘，然后进行消毒。消毒一般从离门远处开始，以顶棚、墙壁、地面的顺序喷洒（消毒液用量通常为每平方米1升），喷洒完后关闭门窗2～3小时，再打开门窗通风换气，最后用清水清洗料槽、水槽及饲养用具等。产房应在产羔前、中、后期进行多次消毒；病羊舍和隔离舍根据使用情况严格消毒，严禁病原带出去，在出入口应有消毒池或浸有消毒液（如2%～4%氢氧化钠溶液）的麻袋片或草垫；羊舍周围环境定期用2%～4%氢氧化钠溶液或撒生石灰消毒；羊舍带羊消毒可选用低毒、高效的消毒液，严格按照说明使用。

4. 运动场地消毒

可用含有效氯2.5%漂白粉溶液、4%福尔马林、0.5%过氧乙酸或2%～4%氢氧化钠溶液喷洒消毒。

5. 饮水消毒

饮水应符合畜禽饮用水水质标准，对饮水槽的水要间隔3～4小时更换1次。饮水槽和饮水器要定期消毒，为了杜绝疾病发生，有条件者可用含氯消毒剂进行饮水消毒。

6. 空气消毒

空气消毒简单的方法是加强通风，利用紫外线照射杀菌或甲醛熏蒸消毒。

7. 饲料消毒

粗饲料通过翻晒和日光照射消毒，保持通风干燥；青饲料要当日割当日用，隔日饲喂要晾晒和通风，防止霉变腐烂；精饲料存储要干燥通风，防止发霉，适当晾晒，可用紫外线照射消毒。

8. 土壤消毒

通过疏松土壤可增强微生物间的颉颃作用，抑制病原体的繁殖；用日光充分照射或紫外线照射，杀灭土壤中的病原体；也可用漂白粉或5%～10%漂白粉液、4%甲醛溶液、2%～4%氢氧化钠溶液等进行土壤消毒。

9. 粪便消毒

粪便的常规消毒方法是发酵消毒法，即在离羊舍100米以外把粪便堆积起来，上面覆盖10厘米厚的沙土，自然发酵1个月。患有烈性传染病羊的粪便可焚烧消毒，方法是挖75厘米深、75～100厘米长的坑，坑内可加干柴，将粪便加入，再加汽油或酒精后点燃焚烧；也可用掩埋法，将粪便与漂白粉或新鲜生石灰混合，深埋于地下2米左右处。

10. 污水消毒

如果污水量小时，可拌洒在粪中堆积发酵；污水量大时，引入污水处理池，加入漂白粉或生石灰消毒。消毒药用量一般每升污水加2～5克漂白粉。

11. 医疗器械消毒

诊疗器械（如手术刀、剪刀、镊子等）用2%～3%来苏儿溶液、0.1%新洁尔灭溶液浸泡消毒。

12. 皮肤和黏膜消毒

0.1%～0.5%新洁尔灭溶液用于手术者和手术部位皮肤消毒；0.01%～0.02%新洁尔灭溶液用于黏膜和创伤冲洗；70%～75%酒精用于皮肤消毒。

具体消毒时，如有相关消毒的技术规范，要按照其规定的程序和要求执行。例如，《畜禽产品消毒规范》（GB/T 16569）规定了畜禽产品一般的消毒技术；《小反刍兽疫消毒技术规范》规定了发生小反刍兽疫时的消毒药物和消毒方法；《畜禽病害肉尸及其产品无害化处理规程》（GB/T 16548）规定了畜禽病害肉尸及其产品的销毁、化制、高温处理和化学处理的技术规范。

六、疫苗免疫

1. 羔羊免疫程序

羔羊的免疫力主要从初乳中获得，在羔羊出生后的1小时内，保证吃到初乳。对15日龄以内的羔羊，疫苗主要用于紧急免疫，一般暂不注射疫苗。

2. 成年羊免疫程序

羊场应根据各种疫苗的免疫特性、本地区常发生传染病的种类及当前疫病流行情况，制定科学有效的免疫程序。除接种国家强制免疫的口蹄疫、小反刍兽疫疫苗外，也要免疫可能发生其他传染病的疫苗，如羊痘疫苗、羊三联疫苗（羊快疫、猝狙、肠毒血症三联苗）、布鲁氏病疫苗、羊口疮疫苗等，合理安排免疫接种的次数和间隔时间，按免疫程序进行预防接种，使羊从出生到淘汰都可获得特异性免疫，增强羊对疫病的抵抗力。

疫苗具体使用时应以生产厂家提供的说明书为准。接种前逐瓶查看瓶壁、瓶盖、标签、有效期、保存规定等。做好免疫记录，记录内容包括：疫苗名称、生产厂家、批号、有效日期、接种日期、接种剂量和接种方法等；接种羊年龄、性别、品种、妊娠与否、泌乳、体质及健康状况等；接种后羊的反应、免疫效果检测等。羊群中幼龄、瘦弱、发热、临产的母羊，除重大疫情需要紧急免疫接种外，不宜接种疫苗，等条件允许时及时补针。接种过程要严格消毒，严防通过针头传播疾病和注射部位感染，已开瓶未用完的疫苗和用过的疫苗瓶应统一无害化处理。

具体免疫程序参考附录2。

七、羊群驱虫

羊的寄生虫病比较多，有体内寄生虫（线虫、绦虫、吸虫、球虫等）和体外寄生虫（蜱、螨、虱、蝇等）。寄生虫病对养羊业的危害严重，驱虫是养羊过程的重要环节。驱虫应根据本地实际情况，合理安排驱虫时间、次数，选择敏感药物，制定科学有效的适合本地区或本场的驱虫程序。在生产中，可根据对羊群寄生虫感染检验和驱虫效果检查结果制定和安排驱虫程序。常规驱虫每年春季和秋季分别进行1次，有新购进的羊和育肥之前的羊都要进行驱虫。常规驱虫可选用广谱驱虫药，如伊维菌素或阿维菌素；当确定主要寄生虫种类时，可有针对性地选择驱虫药物；也可选用2~3种驱虫药交叉使用或重复使用。用药后，通过临床情况观察，有条件的羊场可做实验室检查，评估驱虫效果。

具体驱虫程序参考附录3。

第三章 羊病诊治常规方法和技术

目标
- 掌握羊病检查的基本方法
- 熟悉各项检查的基本内容
- 掌握羊病防治的常用方法

一、临床检查的基本方法①

▶ 问诊

问诊主要是询问畜主或饲养人员与羊病发生有关的情况。问诊时了解情况要详细、全面，并做好记录（图3-1）。

①临床检查的基本方法包括问诊、视诊、触诊、听诊、叩诊、嗅诊，在检查时各种方法相互结合，综合分析作出诊断。

老王，别着急，我去看看。

李兽医，我家的羊病了，你给看看是啥病？

图 3-1 问 诊

①填写问诊记录表时要在"是"或"否"等的方框中划"√",没有方框的问诊项目可根据具体情况填写。

畜主或饲养人员介绍的情况可为诊断疾病提供重要的线索。问诊内容包括饲养管理、疫苗免疫、流行特点、临床症状、病史和治疗用药及疗效等方面的情况(表3-1)。

表 3-1 问诊记录表①

编号

畜主		住址			电话	
性别	年龄	营养	毛色	品种	用途	
日期						

饲养管理:

饲养方式　舍饲:是□　否□;半舍饲:是□　否□;放养:是□　否□

饲喂饲草料　自产自配:是□　否□;部分购买:是□　否□;全部购买:是□　否□;发病前是否更换饲草料:是□　否□;饲喂相同饲草料的其他羊群是否有类似疾病:有□　无□

疫苗免疫:

口蹄疫疫苗:已免□　未免□;羊痘疫苗:已免□　未免□;羊三联或五联疫苗:已免□　未免□;巴氏杆菌病疫苗:已免□　未免□;炭疽疫苗:已免□　未免□;已免的其他疫苗:

（续）

流行特点：
发病季节：春季□　夏季□　秋季□　冬季□　季节不明显□
发病动物　只有羊发病：是□　否□；牛、猪也有发病：是□　否□；其他动物发病：是□　否□
发病年龄　羔羊发病：是□　否□；青年羊发病：是□　否□；成年羊发病：是□　否□；各年龄羊均有发病：是□　否□
发病率：0～10%□　11%～20%□　21%～30%□　31%～40%□　41%～50%□　51%～60%□　61%～70%□　71%～80%□　81%～90%□　91%～100%□
死亡率：0～10%□　11%～20%□　21%～30%□　31%～40%□　41%～50%□　51%～60%□　61%～70%□　71%～80%□　81%～90%□　91%～100%□

临床症状：
体温升高：是□　否□；拉稀（下痢或腹泻）：是□　否□；腹胀：是□　否□；便秘（排粪困难）：是□　否□；流口水（流涎）：是□　否□；气喘（呼吸困难）：是□　否□；尿频：是□　否□；排尿困难：是□　否□；腿瘸：是□　否□；瘫痪不能站立：是□　否□；抽搐或转圈：是□　否□；脱毛和瘙痒：是□　否□；其他症状：

病史和治疗情况：
病史：　　　　发病时间：　　　　　　病程（发病持续时间）：
治疗用药　药物名称：　　　　　　　用药方法：
用药次数：
治疗效果：效果明显□　效果一般□　无明显效果□

其他：

视诊

　　视诊是通过观察病羊的临床症状对疾病进行诊断。视诊获得的临床第一手资料是诊断疾病的重要依据。视诊包括观察病羊的精神状态、营养状况、饮水和食欲情况、躯体结构、行为姿势、皮毛和可视黏膜（眼结膜、口腔黏膜、鼻黏膜）、呼吸动作和次数[①]，以及采食、咀嚼、吞咽、反刍[②]、排粪排尿等。

触诊

　　触诊是检查者用手与羊体接触以检查疾病的一种方

①呼吸次数：一般通过观察羊每分钟胸腹壁起伏或鼻孔的开张次数确定。常把2分钟测得的呼吸次数的平均数记为测定的呼吸次数。羊的正常呼吸次数为每分钟12～30次。

②反刍：俗称倒嚼，羊通过反刍对瘤胃内容物进行反复咀嚼，可促进食物的消化和吸收。羊正常的反刍次数是每分钟3～5次。羊发病时，反刍次数减少甚至停止。

①准确的体温要用兽用体温计测量。方法是（图3-2）先将体温计的水银柱甩至35℃以下，然后将水银一端涂上润滑剂（如液体石蜡），再缓缓插入羊肛门5~7厘米，将体温计一端的绳子固定在被毛上，停5分钟后取出，读取数值。羊的正常体温在38~40℃。感染性疾病常导致体温升高，大失血、低血糖、濒死期等导致体温降低。

②触诊可感知心跳和浅动脉的搏动，正常动物的脉搏较为恒定。正常羊的脉搏为每分钟70~80次。发热、心脏病、肺脏和胸腔疾病、贫血、某些中毒病等常导致脉搏加快。

③瘤胃蠕动能使胃内食物相互混合。将手放到羊左肷窝部可感觉到瘤胃蠕动时腹壁隆起，然后逐渐降下的节奏，食后2小时蠕动最强，以后逐渐减弱。健康羊瘤胃蠕动为每分钟2~4次。瘤胃臌气、瘤胃积食、前胃弛缓、发热性疾病等均可引起瘤胃蠕动减少甚至停止。

法。通过触诊可检查皮肤的温度①、湿度、弹性、体表淋巴结（主要包括下颌淋巴结、肩前淋巴结、膝前淋巴结、腹股沟淋巴结）的大小、软硬度，心脏和脉搏的次数②、强度，瘤胃的蠕动次数③、强度和内容物的性状以及瓣胃和真胃的位置、内容物性状，母羊怀孕后期状态的检查等（图3-2至图3-5）。

▶ **听诊**

听诊是常用的疾病诊断方法，通过听取病畜喘息、

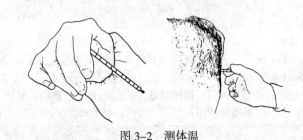

图3-2　测体温

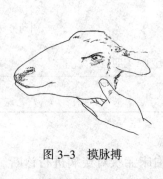

图3-3　摸脉搏

图3-4　瘤胃检查

图3-5　肾脏检查

咳嗽、喷嚏、嗳气、反刍、咀嚼、呻吟的声音，以及肠鸣音、胃蠕动音、心音和呼吸音等对疾病作出诊断。病羊发出的声音有的比较高朗，用耳可直接听取，如喘息、咳嗽等；有的声音需要借助听诊器才能听清楚，如心音①节律不齐、心杂音、肺泡呼吸音、胸膜摩擦音、胸水震荡音等。用听诊器听取和判断病理性声音具有一定的难度，检查者掌握了兽医专业知识和技能才能得出确切的诊断。

听诊器听诊（图3-6）要尽可能选择安静的地方进行。听诊时检查者应取适当的姿势，听头要紧密地放在病羊的体表检查部位，注意排除听头膜与被毛的摩擦音等杂乱声音干扰听诊效果，必要时可将听诊部位的被毛弄湿或剪掉。

①心音是心脏在收缩和舒张过程产生的声音。收缩时的声音称收缩音或第一心音，较高；舒张时的声音称舒张音或第二心音，较低。心杂音是指心脏跳动过程中产生的除正常心音以外的声音，主要包括心包摩擦音、心包击水音、收缩期杂音、舒张期杂音等。房室口或动脉口狭窄、心瓣膜炎、心包炎等疾病过程可出现心杂音。

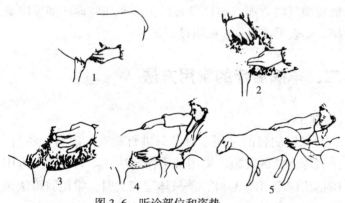

图3-6　听诊部位和姿势
1.确定心脏听诊部位　2.确定肺脏听诊部位
3.肺部听诊　4.心脏听诊　5.瘤胃听诊

▶ 叩诊

叩诊是根据对病羊体表某一部位叩击产生声音的特性，判断被检查组织或器官病理状态的一种方法。

叩诊时，用一个或数个并拢手指屈曲向病羊体表的一定部位轻轻叩击（图3-7），听取叩击时伴随产生的声音，即叩诊音。叩诊音可分为浊音（实音）、清音、鼓音

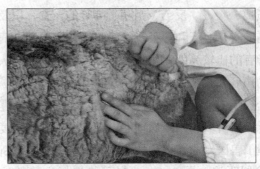

图 3-7　瘤胃叩诊

三种。肌肉以及肝脏、心脏、肾脏、脾脏等实质器官与体表直接接触的部位呈浊音，肺区的部位呈清音，瘤胃上部 1/3 处呈鼓音。气肿疽时，皮下和骨骼肌内产生气体，叩诊出现鼓音；肺脏发生肺炎，肺区叩诊呈浊音；瘤胃臌气时，叩诊瘤胃鼓音区扩大。在叩诊区如反应敏感，则表明该部位疼痛明显。

二、羊病治疗的常用方法

▶ 保定

　　保定的目的是便于对羊只进行检查、灌药、注射、采血等诊疗的实施。常用徒手保定法。羊只比较小可用围抱法保定（图 3-8）；羊只体型较大时，常用骑跨法保定（图 3-9）。

①用两臂在羊胸前和股后围抱，将羊只固定。

②骑在羊身上，用两腿夹住羊的颈部或前胸部，手抓住羊两角或两耳。

图 3-8　围抱法保定①

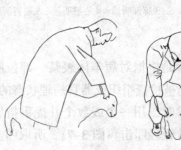

图 3-9　骑跨法保定②

▶ 灌药

给羊灌药一般从口腔直接灌服。方法是将羊保定后，抬高羊头，手持盛有药液的药瓶自羊口角伸入口腔并送向舌背部，抬高药瓶后部使药液缓缓流入口中，羊吞咽后继续灌服，直至灌完（图3-10）。有时可用胃管投药。一人保定病羊，另一人用手紧握胶管和口腔，将胶管插入病羊口中使其吞咽再通过食管送入瘤胃，胶管的另一端接漏斗，将药液倒入漏斗中，药即可徐徐灌入羊的瘤胃内（图3-11）。

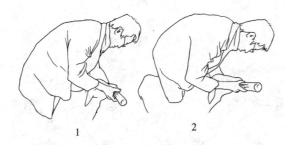

1　　　　　　　　2

图3-10　直接灌药

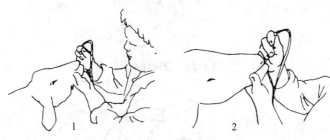

1　　　　　　　　2

图3-11　胃管投药

给羊投药时，要按规程耐心细致地操作，切勿将药物灌入羊的气管和肺脏。

▶ 注射

注射[①]是羊病防治中给药的常用方法。通过注射将药物直接注入羊体内，药量较准确且药效发挥迅速，也能避免药物与胃内容物的相互影响。注射方法包括肌内注

①注射针管、针头使用前要清洗干净，通过煮沸或高压消毒。注射部位剪毛后用5%的碘酊消毒，然后用75%的酒精脱碘。注射完毕，局部用75%的酒精消毒。

①肌内注射：选择臀部或颈部两侧肌肉丰满的部位。注射部位剪毛、消毒，然后将药液吸入注射器，排掉空气，针头垂直刺入肌肉，推动针管芯柄将药物注入。注射完毕后，拔出针头，局部消毒处理。

②静脉注射：注射部位一般在颈静脉沟上 1/3 处。将注射器吸好药液，左手拇指紧压在颈静脉的下方（近心端），其余四指在右侧相应部位抵住，使静脉瘀血怒张，右手持针，与静脉成 30°～45° 角刺入，见注射器内有血液回流后将药液注入静脉内。

③皮内注射：部位多在颈部中侧或尾内侧。用左手拇指与食指将注射部位的皮肤捏起形成皱褶，右手持注射器与皮肤约呈 30° 角刺入皮内 0.5 厘米左右，将药液注入。注入部位形成一小隆起表明药液确实注入皮内。

射（图 3-12）、静脉注射（图 3-13）、皮内注射（图 3-14）、皮下注射（图 3-15）和乳房内注射（图 3-16）。

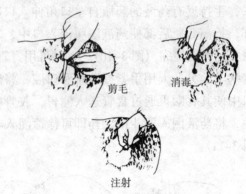

剪毛　　消毒

注射

图 3-12　肌内注射①

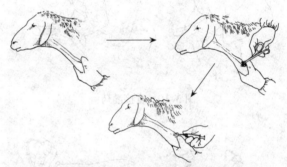

图 3-13　静脉注射②

图 3-14　皮内注射③

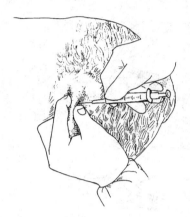

图3-15 皮下注射①

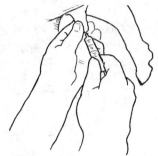

图3-16 乳房内注射②

① 皮下注射:选择颈部两侧或后肢股内侧皮肤疏松的部位,一只手提起注射部位的皮肤,另一只手持已吸好药液的注射器,以30°~40°角刺入皮下,回抽针芯不回血即可注入药物。

② 乳房内注射:病羊站立保定,乳房外部清洗、消毒,挤尽乳汁,左手抓住乳头,右手持乳导管从乳头管轻轻插入乳池,将抽取了药物的注射器用胶管与乳导管接好,把药物缓缓推入乳房内。注射完毕,左手紧捏乳头开口,右手按摩乳房,使药液散开。

穿刺

穿刺对治疗羊的某些疾病具有重要的实用性。穿刺时要严格遵守无菌操作和安全措施,要防止局部感染和对相关组织与器官的损伤。羊的穿刺法多见于瘤胃穿刺(图3-17)和膀胱穿刺(图3-18)。

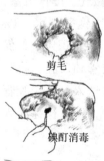

剪毛

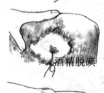

碘酊消毒

酒精脱碘

穿刺

图3-17 瘤胃穿刺③

③ 羊的保定:羊站立,一人抓住羊头颈部,另一人进行手术操作。

穿刺部位:左肷部膨胀最高处。

术前准备:穿刺部位剪毛,涂以碘酊。

穿刺:将套管针或大号注射器针头(或小刀)由后上方向对侧下方(右侧)肘部方向刺入,直到感觉针尖没有抵抗力时为止。

放气:抽出套针,用手指间断性地遮盖穿刺针的外孔以缓慢、间歇放出气体,不要放气太快以免引起脑贫血。当泡沫性臌气时,放气比较困难,在放气过程中注入食用油50~100毫升,消除泡沫,使气体容易放出,很快消胀。

预防复发:当臌胀消失,必须通过套管向瘤胃腔内注入5%的克辽林溶液10~20毫升,或0.5%~1%福尔马林溶液30毫升左右。

拔出套管:先将套针插入套管,然后将套针和套管一起慢慢拔出,使创口易于收缩。

伤口处理:用碘酊涂擦伤口,再用棉花、纱布遮盖,抹上火棉胶,将伤口封盖起来。

术后护理:穿刺后3天之内不要饲喂青草,只给少量清洁的干草,必要时可用健胃剂及瘤胃兴奋药。

①当尿道完全阻塞，膀胱内积尿且有破裂危险时可采用膀胱穿刺。病羊左侧横卧保定，由右后肢向后牵引，耻骨前缘波动明显处为穿刺点。穿刺部位剪毛、消毒，将针头向后下方刺入，尿液排完后拔出针头，局部消毒。

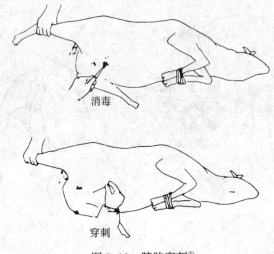

消毒

穿刺

图3-18 膀胱穿刺①

▶ 洗胃

洗胃的目的在于排出胃内容物，调节酸碱度，恢复胃的蠕动和分泌机能。在临床上主要应用于食物中毒、农药中毒、瘤胃积食、前胃弛缓、瘤胃臌气、瓣胃阻塞、皱胃炎等。洗胃液根据病情可用0.01%高锰酸钾水、1%碳酸氢钠水或清水（图3-19）。洗胃时，将羊保定好，保定人员将羊头抬起，另一人用手紧握胶管和口腔，将胶管插入病羊口中使其吞咽，再通过食管送入瘤胃，胶管的另一端接漏斗，将洗胃液倒入漏斗中，即可徐徐灌入羊的胃内，反复操作几次。

1   2

图3-19 洗 胃

1.消毒液浸泡胃管 2.投入胃管

▶ **灌肠**

灌肠是经肛门向直肠内注入药液，常用于治疗便秘和大肠炎。方法是将羊站立保定，橡皮管前端涂上凡士林或蘸肥皂水，插入直肠内，把橡皮管的盛药端提高到超过羊的背部，使药液注入肠腔内。注完药液后，拔出橡皮管，用手压住肛门，以防药液流出（图3-20）。注液量一般在 100 ~ 200 毫升。另一种方法是由助手将羊头夹在两腿中间，提举羊的两后肢，使其头部朝下，然后进行直肠注药。数分钟后放下后肢，任其自由排出灌肠液体（图 3-21）。

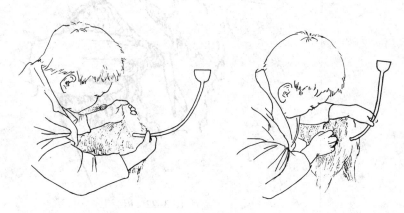

图 3-20 站立保定灌肠法

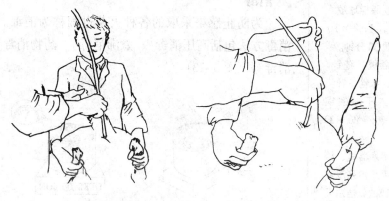

图 3-21 提举后肢灌肠法

三、一般外科技术

▶ 剪毛

为了便于手术操作及减少感染，在术前将羊体表的被毛用剪毛剪剪去(图3-22)。

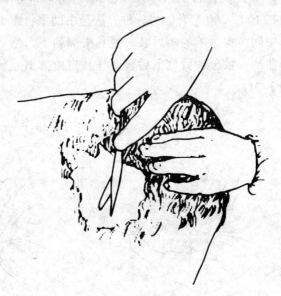

图3-22 剪 毛

▶ 消毒

为防止感染采取的各种灭菌过程称为消毒。常用的消毒方法包括高压消毒①、煮沸消毒②、药物消毒③及蒸汽消毒等 (图3-23)。

①将纱布、敷料、脱脂棉球放入罐内，1.52×10⁵帕灭菌30分钟。

②器械、缝针、缝线、针管、针头等放入干净的锅内，煮沸20～30分钟。

③手术器械、纱布等手术用品浸泡于0.1%的新洁尔灭30分钟，备用。

高压消毒

煮沸消毒

药物消毒

图 3-23　常用消毒方法

▶ 局部麻醉

　　局部麻醉是用麻醉药物阻断某一部位的神经传导，使其暂时失去痛觉。局部麻醉可用于对羊只的某些外科手术及一些特殊检查和治疗。局部麻醉常用方法有表面麻醉、局部浸润麻醉（图 3-24、图 3-25）。

图 3-24　表面麻醉

图 3-25　局部浸润麻醉

① 用纱布蘸
0.1%肾上腺素或
2%氯化钙，拧干后
按压在出血部位。

②将电烧烙器或
烙铁烧到微红，烧
烙出血血管的断端
止血。烙铁在短暂
按压后迅速离开，
以免对组织损伤过
重。

③用止血钳夹住
出血血管的断端，
血管比较大时，扭
转止血钳1～2圈，
稍停，即可止血。

④结扎止血：用
缝线绕过止血钳夹
住的血管，或用缝
针将缝线穿过所夹
组织，然后打结。
适用于大血管的止
血或重要部位的止
血。

⑤将纱布紧塞于
出血部位的腔体，
压迫血管断端以达
到止血的目的。填
塞时要塞满创腔，
12～18小时后取
出纱布。

▶ 止血

手术过程中的止血方法主要有压迫止血①、钳夹止血
（图3-26）、结扎止血（图3-27）、填塞止血（图3-28）、
烧烙止血②等。

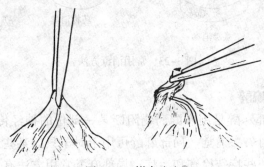

图3-26　钳夹止血③

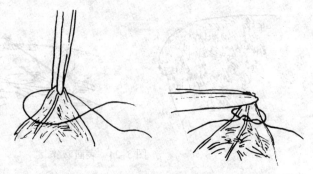

图3-27　结扎止血④

图3-28　填塞止血⑤

▶ 包扎

利用敷料、卷轴绷带、复绷带、夹板绷带及石膏绷带等材料包扎止血，保护创面，促进创口愈合(图3-29)。

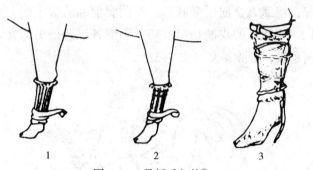

图3-29 骨折后包扎①

1.打石膏或上板 2.缠绷带 3.包扎打结

▶ 缝合

将已切开、切断或因外伤而分离的组织、器官进行对合或重建其通道，保证良好愈合的基本操作技术 (图3-30)。

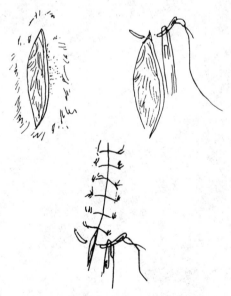

图3-30 缝 合②

①包扎时，一般以左手持绷带的开端，右手持绷带卷，以绷带的背面紧贴肢体表面，由左向右缠绕，第一圈缠完之后游离端反转压在第一圈上缠绕。根据需要继续重复上述操作。包扎结束后将绷带末端剪成两条打结。

②缝合时，先将创缘对好，左手持齿镊，右手持针器，从一侧进针，从另一侧出针。应使缝合线在同一深度，将两侧组织拉拢，以免留下空隙。两侧针眼离创缘1~2厘米，距离相等，缝合完之后打结。打结不能太紧，最后再重新将创缘对好。

▶ 去势

摘除公羊的睾丸或破坏睾丸的生殖机能，使其失去性欲和繁殖能力的一种方法。去势时，左手紧握阴囊颈部，将睾丸挤向阴囊底部，在阴囊前部的腹中线上，做1.5~2厘米的皮肤切口，切开阴囊各层，挤出睾丸，分离系膜，去除睾丸（图3-31）。

图 3-31 去 势

第四章 羊场常用药物及合理使用

第一节 常用药物

一、抗微生物药

抗微生物药是指对细菌、病毒、真菌、支原体等病原微生物具有抑制或杀灭作用的一大类药物，分为抗菌药、抗病毒药、抗真菌药、抗原虫药等。其中抗菌药又可分为抗生素和合成抗菌药。常用抗菌药及使用方法见表4-1。

表 4-1 羊场常用抗菌药物

类别	药品名称	特征性状	治疗类症	用法用量	注意事项
青霉素类	青霉素 G	白色结晶粉末，分钾盐和钠盐两种，难溶于水	乳腺炎、子宫内膜炎、化脓性腹膜炎、气肿疽、创伤感染等	注射用水稀释，肌内注射；以 0.9% NaCl 或 5% 葡萄糖稀释至 5 000 单位/毫升左右浓度，静脉注射。每千克体重 2 万～3 万单位，2～4 次/天	遇酸、碱或氧化剂迅速失效；不宜与四环素类、磺胺类、碳酸钠、维生素 C 等混合使用

（续）

类别	药品名称	特征性状	治疗类症	用法用量	注意事项
青霉素类	氨苄青霉素（氨苄西林）	白色或近白色粉末或结晶，有吸湿性，易溶于水	用于大肠杆菌、沙门氏菌、巴氏杆菌等引起的肺部及尿路感染。可与氨基糖苷类抗生素合用增强疗效	氨苄西林混悬注射液：每千克体重5～7毫克，每天1次，连用2～3天；注射用氨苄西林钠：肌内、静脉注射，每千克体重10～20毫克，2～3次/天，连用2～3天	适宜在中性环境中使用，水溶液极不稳定，耐酸不耐酶。本品对肠道正常菌群干扰作用强，成年羊禁用
	苯唑西林钠	白色粉末或结晶粉末，易溶于水不溶于乙酸、乙酯或石油醚	用于败血症、心内膜炎、肺炎、乳腺炎等耐药葡萄球菌感染	肌内注射，每千克体重10～15毫克，2～3次/天，连用2～3天	与氨苄西林或庆大霉素合用可增强对肠球菌的抗菌活性。其他参见青霉素
	普鲁卡因青霉素	白色结晶粉末，遇酸碱失效，微溶于水	用于乳腺炎、骨折、子宫蓄脓等治疗。亦用于放线菌及钩端螺旋体等感染	肌内注射，每千克体重2万～3万单位，每天1次，连用2～3天	仅用于敏感菌引起的慢性感染。其他同青霉素
	苄星青霉素	白色结晶粉末，水中极微溶，易溶于二甲基酰胺和甲酰胺	用于革兰氏阳性菌引起的慢性感染，如葡萄球菌、链球菌、厌氧性梭菌引起的肾炎、乳腺炎、子宫蓄脓等	肌内注射，每千克体重3万～4万单位。3～4天重复使用1次	只用于对青霉素高度敏感的细菌所致的慢性感染。用于急性中毒时，应与青霉素钠（钾）合用

（续）

类别	药品名称	特征性状	治疗类症	用法用量	注意事项
头孢菌素类	头孢噻呋	淡黄色粉末，不溶于水	多用于敏感菌（巴氏杆菌、沙门氏菌、大肠杆菌、链球菌、葡萄球菌等）所致呼吸系统感染、乳腺炎等	肌内注射，每千克体重3毫克，每天1次，连用3天	可引起肠道菌群紊乱、脱毛及瘙痒，有一定毒性
	头孢氨苄（先锋Ⅳ、头孢立新）	白色或乳黄色结晶粉末，溶于水，微臭	抗菌谱广，口服吸收好。多用于肺炎、支气管炎、肺脓肿、喉炎等	头孢氨苄乳剂，乳管内注射，每个乳区20毫克，每天2次，连用2天	肾损伤的患畜慎用
	头孢喹诺	白色结晶粉末，能溶于水	用于消化道、呼吸道、泌尿生殖道感染及乳腺炎和预防术后败血症等	肌内注射每千克体重20毫克，每天3次	与青霉素G偶尔有交叉过敏反应
氨基糖苷类	链霉素	白色或类白色粉末，有吸湿性，易溶于水	主要用于革兰氏阴性菌。用于治疗肠炎、乳腺炎、子宫炎、肺炎、败血症等	注射用硫酸链霉素：每千克体重10～15毫克，每天2次，连用2～3天	易产生耐药性。不良反应多见皮疹、发热、嗜酸性粒细胞增多。长期使用可出现神经肌肉组织及耳毒性
	卡那霉素	易溶于水，白色结晶粉末	主要用于革兰氏阴性菌，多用于呼吸道炎症、坏死性肠炎、泌尿道感染、乳腺炎等	肌内注射，每千克体重15毫克，每天2次，连用2～3天	同链霉素类

（续）

类别	药品名称	特征性状	治疗类症	用法用量	注意事项
氨基糖苷类	庆大霉素	其硫酸盐为白色或类白色结晶粉末，无臭，有吸湿性，易溶于水，不溶于酒精	用于绿脓杆菌及耐药金黄色葡萄球菌所致的泌尿道感染、乳腺炎、子宫内膜炎和败血症等	肌内注射，每千克体重2～4毫克，每天2次	与链霉素相似。对肾脏有损害作用。有呼吸抑制作用，不宜静脉推注
	硫酸新霉素	白色或近白色粉末，有吸湿性，极易溶于水	对革兰氏阴性菌、阳性菌均有作用	可溶性粉剂：内服，羔羊每千克体重10毫克；粉针：肌内注射，每千克体重4～8毫克。分2次注射	成年羊不宜口服，肌内注射为主
四环素类	土霉素	淡黄色结晶性或无定型粉末；易溶于稀酸、稀碱。水溶液不稳定，宜现用现配	主要用于敏感菌所致的各种感染。对羊支原体病、放线菌病、球虫病、钩端螺旋体病有一定疗效	片剂：内服，每千克体重10～25毫克，每天2～3次	不宜肌内注射，静脉注射时药物漏出血管外可导致静脉炎。可引起肠道菌群失调
	盐酸金霉素（盐酸氯四环素）	金黄色或黄色结晶，微溶于水，应避光、密封保存于干燥冷暗处	用于羔羊肺炎、出血性败血症、钩端螺旋体病和急性细菌性肠炎	片剂（或胶囊）：内服，剂量同土霉素。治疗子宫内膜炎可将金霉素塞入子宫，每次0.5克	严禁注射用，其他同土霉素

（续）

类别	药品名称	特征性状	治疗类症	用法用量	注意事项
大环内酯类	红霉素	白色或类白色结晶粉末，难溶于水	主要用于耐青霉素金黄色葡萄球菌及化脓性链球菌、肺炎球菌、肠球菌等引起的肺炎、子宫炎、乳腺炎等的治疗，亦可用于支原体感染和传染性鼻炎的治疗	片剂：羔羊每千克体重6.6～8.8毫克，每天3～4次内服	忌与酸性药物配伍使用
	泰勒菌素	无色晶体，微溶于水。pH＜4或pH＞10时失去活性	防治羊的支原体感染、羊胸膜肺炎	同红霉素	不能与聚醚类抗生素合用，一般不用在酸性环境中
	替米考星	白色粉末，在甲醇、乙腈、丙酮中易溶，在乙醇、丙二醇中溶解，不溶于水	用于治疗放线杆菌、巴氏杆菌、支原体感染等引起的肺炎和泌乳期的乳腺炎	皮下注射，每千克体重0.5毫克。仅注射1次	禁止静脉注射，皮下注射可出现局部反应
多肽类	杆菌肽	内服不吸收，局部用药也很少吸收	临床上常与链霉素、新霉素、多黏菌素合用，治疗羊的肠道疾病	粉针：每支5万单位，与多黏菌素E合用，乳房内灌注治疗乳腺炎，杆菌肽500单位加多黏菌素E3 500单位，溶于适当溶剂5毫升，于挤乳后一次注入，连用3天	经肾脏排泄，易损害肾脏

(续)

类别	药品名称	特征性状	治疗类症	用法用量	注意事项
喹诺酮类	环丙沙星	淡黄色结晶粉末，易溶于水	临床上多用于治疗各系统感染	羔羊，内服，每千克体重30毫克，连用3～5天；乳酸环丙沙星注射液，肌内注射，每千克体重2.5～5毫克；静脉注射，每千克体重2毫克，每天2次	同喹诺酮类
	恩诺沙星	白色结晶性粉末，无臭，味苦，在水或乙醇中极微溶解，在酸碱中极易溶解	用于大肠杆菌性腹泻、败血症，溶血性巴氏杆菌、沙门氏菌及支原体、链球菌、葡萄球菌引起的呼吸道感染及泌尿生殖道感染、创面感染和隐性乳腺炎	肌内注射，每千克体重2.5毫克，每天2次，连用3～5天	同喹诺酮类
磺胺类	磺胺嘧啶（SD）	白色结晶粉末，其钠盐易溶于水	治疗脑部感染的首选药，对肺炎和上呼吸道感染具有良好作用。对葡萄球菌、大肠杆菌效力强	片剂：内服，首次用量0.14～0.2克，维持剂量减半，每天2次；注射液：静脉或深部肌内注射，每千克体重20～30毫克，每天1～2次，连用2～3天	针剂呈碱性，忌与酸性药物配伍，不能与维生素C、氯化钙等药物混合使用，也不宜用5%葡萄糖稀释

（续）

类别	药品名称	特征性状	治疗类症	用法用量	注意事项
磺胺类	磺胺对甲氧嘧啶	白色或微黄色结晶粉末。钠盐溶于水	适用于泌尿道感染及呼吸道、皮肤和软组织等感染	片（粉）：羊初次量每千克体重 50～100 毫克，维持量每千克体重 25～50 毫克，每天 2 次；注射液：肌内注射，每千克体重 15～20 毫克，每天 2 次	
	磺胺二甲氧嘧啶（SM$_2$）	白色或微黄色结晶或粉末。水中几乎不溶，其钠盐溶于水	同磺胺嘧啶	片剂：初次剂量每千克体重 0.14～0.2 克；维持量每千克体重 0.07～0.1 克，每天 1～2 次，连用 3～5 天；注射液：静脉注射，每千克体重 20～100 毫克，每天 2 次，连用 2～3 天	遮光密封保存。易引起泌尿道损害
	磺胺甲噁唑（新诺明）	白色结晶粉末，几乎不溶于水	中效磺胺，抗菌作用强，与抗菌增效剂甲氧苄啶合用，抗菌作用可增强 10 倍以上	磺胺甲噁唑片剂：羊首次内服每千克体重 50～100 毫克，维持量为每次每千克体重 25～50 毫克，每天 2 次；复方磺胺甲噁唑片：内服，一次剂量，每千克体重 25～50 毫克，每天 2 次，连用 3～5 天	遮光密封保存。血尿等泌尿道不良反应多。内服时需配等量的碳酸氢钠

（续）

类别	药品名称	特征性状	治疗类症	用法用量	注意事项
磺胺类	磺胺邻二甲氧嘧啶	白色或近白色结晶粉末，几乎不溶于水	同磺胺嘧啶但效力较弱。属长效磺胺	片剂：内服，每千克体重0.1克，每天1次	应遮光、密封保存
	磺胺二甲异噁唑（菌得清、净尿磺、磺胺异噁唑）	白色或微黄色结晶粉末，不溶于水	作用比磺胺嘧啶强，吸收、排泄快，属短效磺胺。是治疗泌尿道感染的首选药物，也可用于其他感染	片剂：口服，初次量每千克体重0.2克，维持剂量每千克体重0.1克，每天3次。注射液：肌内注射，每千克体重70毫克，每天3次	同磺胺嘧啶类
抗菌增效剂	甲氧苄啶	白色或近白色结晶性粉末，不溶于水	抗菌谱同磺胺类药物，与磺胺类药物联合使用，抗菌作用可增强数倍至数十倍，对呼吸道、消化道、泌尿道等多种感染和皮肤、创伤感染、急性乳腺炎等有显著作用	片剂：口服，每千克体重5~10毫克，每天两次。通常磺胺类药物与甲氧苄啶的比例为5∶1，很少单独使用	遮光密封保存
	二甲氧苄胺嘧啶（敌菌净）	白色结晶粉末，微溶于水	作用等同于甲氧苄啶。主要用于防治球虫病、羔羊痢疾等，均有良好疗效	片剂：每千克体重20~25毫克，每天2次	内服吸收差，血中最高浓度仅为甲氧苄啶的1/5，在胃肠道内保持较高浓度。因此，用作肠道抗菌增效剂比甲氧苄啶优越

（续）

类别	药品名称	特征性状	治疗类症	用法用量	注意事项
抗真菌药	制霉菌素	淡黄色粉末，有吸湿性，不溶于水，性质不稳定	内服治疗胃肠道真菌感染。念珠菌和曲霉菌所导致的乳腺炎、子宫炎等	片剂：内服，每次50万～100万单位，每天2次	内服不易吸收，注射给药毒副作用大，不宜用于全身感染的治疗
	克霉唑	白色结晶粉末，难溶于水	主要用于体表真菌病	片剂：内服，每千克体重1～1.5克，每天2次。软膏外用	常时间应用可出现肝功能不良反应，停药后恢复
其他	莫能菌素	微白褐色或橙黄色粉末。不溶于水	主要用于防治羔羊球虫病	混饲给药，每千克体重10～30毫克	与二甲硝咪唑、泰勒菌素、竹桃霉素合用，有中毒危险。对饲喂含硝酸盐饲料的羊不宜应用本品
	拉沙里菌素	无色结晶，不溶于水，拉沙里菌素钠盐溶于水	同莫能菌素	混饲给药，羔羊每千克饲料20～60毫克；也可将本品按0.7%的量混入盐块中，连用30天	
	盐霉素	白色无定型粉末。不溶于水，钠盐溶于水	除对球虫有杀伤作用外，对革兰氏阳性菌有较强的抗菌作用	混饲给药，羔羊每千克饲料10～25毫克	

二、驱虫药

凡是能够驱除或杀灭畜禽体内、外寄生虫的药物均称为抗寄生虫药。用此类药物时要保持羊舍卫生。抗寄生虫药物多数对动物有一定的毒性，所以一定要控制好给药剂量。参见表4-2。

表4-2　羊场常用体内外驱虫药

药品名称	特征性状	治疗类症	用法用量
盐酸噻咪唑（驱虫净）	白色或带黄色结晶粉末，易溶于水	用于蛔虫病、绦虫病及肺线虫病	片剂（粉剂）：内服，每千克体重7.5毫克。饲喂前给药；注射液：肌内或皮下注射，每千克体重7.5毫克
硫苯咪唑	无色粉末，不溶于水	对胃肠道线虫的成虫及幼虫有高效。对矛形双腔吸虫、片形吸虫、绦虫也有较好的药效	粉剂：内服，一次5～20毫克，可拌到饲料中给药
甲苯咪唑（甲苯唑）	米色或米黄色非结晶粉末，无臭，不溶于水	胃肠道线虫、绦虫、旋毛虫	粉剂：内服，一次10～15毫克混饲
吡喹酮	无色结晶粉末，微苦，微溶于水，能溶于乙醇。应避光密封保存	用于驱杀绦虫、血吸虫。对多头绦虫、细粒棘球虫有效	片剂：每千克体重15～35毫克，连服5天
灭绦灵（氯硝柳胺）	黄色或白色粉末，不溶于水，微溶于乙醇，遮光密封保存	用于驱杀绦虫、前后盘吸虫及杀灭日本血吸虫的中间宿主钉螺	片剂：内服，一次每千克体重60～70毫克
伊维菌素（害获灭注射液）	无色透明液体。不能肌内和静脉注射	用于治疗家畜的胃肠道线虫病及牛皮蝇蛆病、蚊皮蝇蛆病、羊鼻蝇蛆病、羊痒螨病	皮下注射，每次每千克体重0.2毫克

（续）

药品名称	特征性状	治疗类症	用法用量
硝氯酚（拜耳9015）	深黄色结晶性粉末，无臭，难溶于水，钠盐则易溶于水。应遮光密封保存	主要用于牛、羊肝片吸虫病	片剂：内服，每千克体重3～4毫克
敌敌畏	白色结晶粉末，有挥发性，易溶于水	驱虫药和杀虫药	配成0.2%～0.4%乳剂，局部涂擦或喷洒
二氯苯醚菊醋（除虫精）	淡黄色油状液体。不溶于水，能溶于丙酮、乙醇等有机溶剂。碱性环境下水解失效	主要杀灭体外寄生虫、蜘蛛、昆虫等	用0.025%乳剂体表喷雾。杀蚊蝇等，可用0.1%乳剂体表喷雾，用于室内杀蝇、蚊、蟑螂等，每平方米25～125毫克喷雾

三、作用于消化系统的药物

主要包括健胃药、瘤胃兴奋药、止酵消沫药、泻药及止泻药等。常用临床药物见表4-3。

表4-3　治疗消化系统疾病的常用药物

类别	药品名称	特征性状	治疗类型	用法用量	注意事项
健胃药、促反刍药及止酵药	马钱子酊	棕色液体，味极苦	用于消化不良、胃肠弛缓、瘤胃积食、食欲不振等	酊剂：每天1次，一次剂量1～5毫升	连续用药不能超过7天。避免中毒（中毒后会出现肌肉痉挛）
	稀盐酸	无色透明液体	治疗前胃弛缓，与胃蛋白酶配伍能治疗羔羊消化不良	内服，一次剂量2～5毫升，稀释成0.5%～1%灌服	

（续）

类别	药品名称	特征性状	治疗类型	用法用量	注意事项
健胃药、促反刍药及止酵药	胃蛋白酶	淡黄色粉末，能溶于水	促消化药，治疗胃肠卡他及羔羊消化不良	粉剂：内服，一次剂量1～2克	
	鱼石脂	糖浆状液体，能溶于水	促进肠胃蠕动，防腐止酵，治疗瘤胃弛缓和胃肠臌胀。外用消炎	加水稀释后灌服，一次剂量2～5克。20%～25%软膏可外用	
	人工盐	白色粉末，易溶于水	用于治疗消化不良、慢性胃炎、胃肠迟缓及便秘	粉剂：内服。用于健胃，一次剂量10～30克；缓泻，一次剂量50～100克	
	龙胆酊	棕色液体，味苦	治疗食欲减退、消化不良	内服，一次剂量5～15毫升	
	干酵母	黄色干粉末	用于一般消化不良及B族维生素缺乏	片剂：内服，每次5～10克	
	高渗氯化钠注射液	无色透明	能促进胃肠蠕动及腺体分泌，主要用于反刍动物前胃弛缓	静脉注射，每千克体重0.1克	静脉注射速度不能太快，且不能漏于血管外

（续）

类别	药品名称	特征性状	治疗类型	用法用量	注意事项
泻药、止泻药及解痉药	硫酸钠（芒硝）	无色，透明，柱状结晶，无臭	用于治疗便秘及排出肠道内毒物	内服，配成5%～10%溶液灌服，一次剂量40～100毫克	用药时要让羊大量饮水
	硫酸镁（硫苦）	无色结晶，能溶于水	同硫酸钠，静脉注射有镇静作用	内服同硫酸钠。针剂：静脉注射，10～20毫升/次	
	液体石蜡	无色、无味，油状液体	治疗便秘及排出肠道内有害物质，多用于小肠便秘	内服，一次剂量50～200毫升	
	鞣酸蛋白	淡棕色或淡黄色粉末，不溶于水	收敛、消炎、止泻，可用于治疗非细菌性腹泻	片剂，内服，一次剂量2～5克	
	次硝酸铋	白色结晶粉末，不溶于水，溶于弱酸	治疗肠炎和腹泻	片剂：内服，一次剂量5～10克	
	活性炭	黑色，颗粒性粉末	用于腹泻、肠炎、毒物中毒等	片剂：内服，一次剂量10～25克	
	颠茄酊	棕红色或棕绿色液体	用于腹泻、肠痉挛等	内服，一次剂量2～5毫升	

四、作用于呼吸系统的药物

主要包括驱痰类、镇咳类、平喘类等药物。常用药物简述于表4–4。

表 4-4　作用于呼吸系统的药物

药品名称	特征性状	治疗类型	用法用量	注意事项
氨茶碱	白色或淡黄色颗粒或粉末。易溶于水	用于痉挛性支气管炎、支气管喘息等	静脉或肌内注射，一次 0.25～0.5 克；片剂：内服，一次 0.2～0.4 克	
氯化铵	无色结晶或白色结晶粉末，易溶于水	祛痰，主要用于治疗急性支气管炎	内服，一次 2～4 克	本药不能与碱性药物、磺胺类药物配合使用。对肝、肾功能异常的患羊慎用
咳必清（维静宁）	白色结晶粉末、无臭、味苦	用于呼吸道炎症引起的干咳	内服，一次 50～100 毫克	

五、用于泌尿、生殖系统的药物

主要包括利尿药、调节水代谢障碍和酸碱平衡紊乱的药物。简述于表 4-5。

表 4-5　作用于泌尿生殖系统的药物

类别	药品名称	特征性状	治疗类型	用法用量	注意事项
利尿药与脱水药	利尿酸（依他尼酸）	白色粉末，易溶于水	治疗心性、肝性及肾性水肿	片剂：内服，一次每千克体重 0.5～1 毫克	长期使用可能引起低血钾
	乌洛托品	无色，细小结晶体，能溶于水	主要用于肾炎、膀胱炎、尿道炎等	粉剂：内服，一次量 2～5 克；针剂：静脉注射，一次量 5～10 毫升	

（续）

类别	药品名称	特征性状	治疗类型	用法用量	注意事项
利尿药与脱水药	呋塞咪	无色粉末	用于各种水肿病	内服，每千克体重2毫克；肌内注射或静脉注射，每千克体重0.5～1毫克	
生殖系统用药	黄体酮	白色或近白色的结晶粉末，不溶于水	用于先兆性流产及习惯性流产	肌内注射，10～25毫克/次	
	缩宫素注射液	无色澄明或几乎澄明的液体	催产及产后子宫出血和胎衣不下	皮下或肌内注射，一次量10～50单位	
	催产素	白色粉末，能溶于水	用于催产及子宫出血、胎衣不下等	皮下或肌内注射，一次量10～50单位	
	绒毛膜促性腺激素	白色或类白色粉末，溶于水	用于性机能障碍、卵巢囊肿、习惯性流产、促进发情及排卵等	粉针：肌内注射，一次量100～500单位	
	促卵泡素（FSH）	白色或淡黄色冻干粉	用于超数排卵及卵巢机能静止性不发情、卵巢机能不全性多卵泡发育、两侧卵泡交替发育之久配不孕	羊超数排卵：在每羊发情周期第12～13天，间隔12小时连续3～4天肌内注射FSH，总量为200～250单位；羊发情控制：非繁殖季节用孕激素预处理14天，在预处理的13天、14天各肌内注射促卵泡素50单位—次	

（续）

类别	药品名称	特征性状	治疗类型	用法用量	注意事项
生殖系统用药	苯甲酸雌二醇注射液	淡黄色的澄明油状液体	催情及胎衣不下、死胎不下等	肌内注射，一次量1～3毫克	
	丙酸睾酮注射液	无色至淡黄色的澄明油状液体	用于雄激素缺乏的辅助治疗	皮下或肌内注射，每千克体重 0.25 ～0.5毫克	

六、作用于心血管系统的药物

治疗心血管系统的药物包括强心类药物、止血类药物和抗贫血类药物，简介于表4-6。

表4-6 作用于心血管系统的药物

药品名称	特征性状	治疗类型	用法用量
安络血	橘红色结晶或结晶性粉末，难溶于水	用于肺出血、血尿、子宫出血等	注射液：肌内注射，一次量2～4毫升
止血敏注射液	无色，澄清透明液体	止血	注射液：肌内注射或静脉注射，一次量2～4毫升
硫酸亚铁	透明、淡蓝绿色结晶或颗粒，易溶于水	治疗或预防缺铁性贫血	片剂：内服，一次剂量为0.5～4克
安钠咖（苯甲酸钠咖啡因）	白色粉末或颗粒，微溶于水	治疗急性心衰和呼吸困难等	粉剂：内服，一次量1～2克；注射液：皮下或肌内注射，一次量0.5～2克
维生素 B_{12} 注射液	鲜红色液体	用于缺乏维生素 B_{12} 引起的贫血，幼畜生长迟缓等	肌内注射，一次量0.3～0.4毫克

七、镇静与麻醉药

常用的镇静与麻醉药列于表4-7。

表 4-7　常用的镇静与麻醉药

类别	药品名称	治疗类型	用法用量
镇静药	盐酸氯丙嗪	主要用于动物镇静	肌内注射，每千克体重1~2毫克
	地西泮注射液	主要用于肌肉痉挛、癫痫及惊厥等	肌内或静脉注射，每千克体重0.5~1毫克
	注射用苯巴比妥钠	缓解脑炎、破伤风、士的宁中毒所引起的惊厥	肌内注射，一次量0.25~1克
	硫酸镁注射液	用于破伤风及其他痉挛性疾病	静脉或肌内注射：一次量2.5~7.5克
	静松灵（二甲苯胺噻唑）	镇静、镇痛和中枢性肌肉松弛作用	肌内注射，每千克体重1~3毫克
	冬眠灵	可用于狂躁症、脑炎、破伤风及麻醉前给药	肌内注射，每千克体重1~3毫克
麻醉药	注射用硫喷妥钠	用于动物的诱导麻醉及基础麻醉	静脉注射，每千克体重10~15毫克
	盐酸氯胺酮	全身麻醉及化学保定	静脉注射，每千克体重2~4毫克
	盐酸赛拉嗪	全身麻醉及化学保定	每千克体重0.1~0.2毫克

八、调节组织代谢药物

常用于调节组织代谢的药物见表4-8。

表 4-8 常用于调节组织代谢的药物

分类	药品名称	特征性状	治疗类型	用法用量
维生素类	维生素 AD 油	淡黄色油状液体，水中不溶	用于维生素 A 和维生素 D 缺乏症	内服，一次量 10~15 毫升
	鱼肝油	黄色至橙黄色的澄清液体	同维生素 AD 油	内服，一次量 10~15 毫升
	维生素 D_2	无色针状结晶，遇光和空气易变质。水中不溶	用于佝偻病、软骨症	皮下或肌内注射，一次量 15~20 毫升
	维生素 E	微黄色或黄色透明黏稠液体	不孕、白肌病等	皮下或肌内注射，羔羊一次 0.1~0.5 克
	维生素 B_1	白色结晶或结晶性粉末	用于多发性神经炎、胃肠弛缓等	片剂：内服一次量 25~50 毫克。针剂：皮下或肌内注射，一次量 25~50 毫克
	维生素 B_2	黄色结晶粉末	用于口炎、皮炎和角膜炎等	片剂：一次量 20~30 毫克；针剂：皮下或肌内注射，一次量 20~30 毫克
	维生素 B_6	白色或白色结晶粉末	用于皮炎、周围神经炎等	片剂：一次剂量 0.5~1 克；针剂：皮下、肌内或静脉注射，一次量 2~6 毫升
	维生素 C	白色粉末或结晶性粉末	用于维生素 C 缺乏症、发热、慢性消耗性疾病	针剂：肌内、静脉注射，一次剂量 0.2~0.5 克

（续）

分类	药品名称	特征性状	治疗类型	用法用量
钙、磷与微量元素	氯化钙注射液	白色半透明的坚硬碎块或颗粒	用于治疗钙缺乏症、软骨症、过敏性疾病等	静脉注射，一次量1～5克
	葡萄糖酸钙	白色结晶或颗粒，能溶于水	能补充血钙，并有抗炎、抗过敏、解镁中毒	静脉注射，一次量5～15克
	碳酸氢钙（小苏打）	白色结晶性粉末，能溶于水	用于防治代谢性酸中毒	静脉注射，一次量40～120毫升
	复方布他磷注射液	粉红色澄明液体	用于急、慢性钙磷代谢紊乱性疾病并可促生长	静脉、皮下或肌内注射，一次量2.5～8毫升

九、解毒药

在日常饲养过程中，难免出现误食或接触有毒有害物质，中毒后的科学解毒是每个羊场兽医必须掌握的一项基本技能，几种常见解毒药物的使用方法见表4-9。

表4-9　羊场常用解毒药

类型	药品名称	特征性状	治疗类型	用法用量
金属络合剂	二硫丙醇注射液	无色，具有特殊气味	用于解救砷、汞、铋、锑等中毒	肌内注射，每千克体重2.5～5毫克
	二硫丙磺钠注射液	无色	对砷、汞、铬、铋、铜、锑等中毒有效	静脉或肌内注射，每千克体重1～10毫升

(续)

类型	药品名称	特征性状	治疗类型	用法用量
胆碱酯酶复活剂	碘解磷定	黄色结晶性粉末	用于有机磷中毒的解救	静脉或肌内注射,每千克体重15~30毫克
	氯解磷定注射液	无色透明液体	同碘解磷定	静脉或肌内注射,每千克体重15~30毫克
高铁血红蛋白还原剂	亚甲蓝注射液	深绿色有铜光的结晶或结晶性粉末,易溶于水	用于亚硝酸盐中毒的解救	静脉注射,每千克体重1~2毫克
氰化物解毒剂	亚硝酸钠注射液	无色透明液体	用于解救氰化物中毒	静脉注射,一次量0.1~0.2克
	硫代硫酸钠注射液	无色透明结晶或结晶性细粒,极易溶于水	用于解救氰化物、砷、汞、铋、铅、碘等中毒	静脉或肌内注射,一次1~3克

十、消毒药及外用药

常用的消毒药及外用药见表4-10。

表4-10　常用的消毒药及外用药

药品名称	特征性状	用法用量	概要说明
氧化钙(生石灰)	白色或灰色硬块	10%~20%石灰乳,涂刷墙壁、畜栏和地面消毒。1千克氧化钙加水350毫升,可撒布在阴湿地面、粪池周围及污水沟消毒	可从空气中吸收CO_2而失效
碘伏	棕红色液体	用于畜舍、饲槽、饮水、皮肤和器械等的消毒。5%溶液用于喷洒畜舍。5%~10%溶液用于刷洗或浸泡消毒室内用具、手术器械等。每升饮水中加原液15~20毫升,饮用3~5天防治肠道传染病	遮光、密封,阴凉处保存

（续）

药品名称	特征性状	用法用量	概要说明
过氧化氢溶液（双氧水）	无色透明液体	2%热溶液用于污染的厩舍、饲槽和运输车船等的消毒；3%～5%溶液用于炭疽芽孢污染的场地消毒	过氧化氢与组织接触立即分解，放出生态氧而呈现杀菌作用。但作用时间短，穿透力也很弱，故杀菌作用弱，久贮失效。密封，阴凉处保存
高锰酸钾	淡紫色结晶，能溶于水	0.1%水溶液清洗创伤，0.2%水溶液冲洗子宫、膀胱等	现用现配，久贮失效，密封保存
漂白粉（氯石灰）	白色颗粒状粉末，有氯臭	用于厩舍、畜栏、饲槽、车辆等的消毒。5%～20%混悬液喷洒，也可用干粉撒布；每升水0.3～1.5克，用于饮水消毒	新制的漂白粉含有效氯25%～36%
三氯异腈尿酸	白色结晶性粉末或粒状固体	用于环境、饮水、饲槽等的消毒。粉剂配置成4～6毫克/千克浓度饮水消毒；200～400毫克/千克浓度进行环境、用具消毒	

第二节　羊场兽医用药原则

羊场兽医用药在考虑药效的同时，还要注意药物的副作用、药物残留及治疗的经济利益。科学合理使用兽药，以求最大限度地发挥药物对疾病的预防、治疗等有益作用，同时使药物的有害作用尽量降到最低。

一、联合用药

在疾病的治疗过程中，同时合用两种以上的药物叫联合用药。在实际使用中，联合用药可能出现比预期更强的作用（协同作用），如磺胺与抗菌增效剂连用；也可能出现减弱一药或两药的作用（颉颃作用），甚至会产生意外的毒性反应。对于有颉颃作用的药物，兽医经常用于治疗药物中毒，如麻醉药中毒可用中枢兴奋药解救。

二、药物配伍禁忌

为了增强疗效，往往将两种以上的药物配伍使用。但配伍不当，则可能出现减弱疗效或增加毒性的作用。药物的配伍禁忌分为药理性、化学性和物理性配伍禁忌。例如，磺胺嘧啶钠与葡萄糖注射液混合，可产生细微的结晶。

三、羊场规范用药和药残控制

兽药和饲料药物添加剂对于防治动物疾病、促进生长、提高饲料转化率具有重要的作用。在使用过程中要严格执行国家兽药法规。近几年，为了规范、合理用药，有关部门陆续颁布了《中华人民共和国动物防疫法》《兽药管理条例》《饲料和饲料添加剂管理条例》《兽药典》《兽药规范》《兽药质量标准》《兽用生物制品质量标准》《进口兽药质量标准》《饲料药物添加剂使用规范》等法律法规。羊场必须严格执行国家兽药法规，规范用药，严格控制兽药的残留。

严格执行兽药的休药期和兽药允许残留量标准。2002年4月9日，中华人民共和国农业部发布第193号公告，根据《兽药管理条例》规定，制定了《食品动物禁用的兽药及其他化合物清单》，简称《禁用清单》，其中规定：截至2002年5月15日，《禁用清单》所列前18个品种的原料药及其单方、复方制剂停止经营和使用。此外，《禁用清单》所列第19～21个品种的原料药及其单方、复方制剂产品不准以抗应激、提高饲料报酬、促进动物生长为目的在食品动物饲养过程中使用。

第五章　体表症状与相关疾病

目标
- 熟悉羊病的主要体表症状
- 熟悉与体表症状有关的羊病
- 掌握与体表症状有关的羊病的防治措施

一、消瘦

羊只由于摄入营养不足，因此发生慢性消化道疾病和慢性消耗性疾病均可出现消瘦症状（图5-1）。

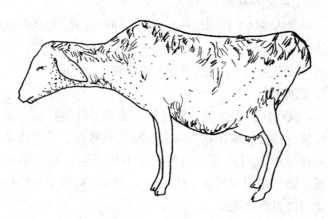

图5-1　消　瘦

与消瘦相关的疾病如下：

主要表现为消瘦症状的羊病
- 细菌性疾病：羊副结核病
- 寄生虫病：肝片吸虫病、羊毛圆科线虫病、羊食道口线虫病、羊仰口线虫病、羊夏伯特线虫病、羊前后盘吸虫病、羊莫尼茨绦虫病、羊无卵黄腺绦虫病、羊曲子宫绦虫病、羊棘球蚴病、羊细颈囊尾蚴病、羊日本分体吸虫病、羊阔盘吸虫病
- 普通病
  - 内科病：营养不良性贫血
  - 营养代谢病：异食癖、钴缺乏症

其他伴有消瘦症状的羊病
- 细菌性疾病：羊巴氏杆菌病
- 病毒性疾病：绵羊痒病、绵羊肺腺瘤病、山羊病毒性关节炎-脑炎、梅迪-维斯纳病
- 寄生虫病：羊螨病、羊硬蜱病、羊球虫病、羊毛尾线虫病、羊狂蝇蛆病、羊肺线虫病、羊泰勒虫病
- 普通病
  - 内科病：羊口炎、羔羊消化不良、羊支气管炎
  - 营养代谢病：羊维生素B族缺乏症、羊食毛症、绵羊铜缺乏症

1. 羊副结核病

副结核病又称副结核性肠炎或约翰氏病，是由副结核分枝杆菌引起绵羊、山羊的一种慢性接触性、消耗性传染病。临床上主要表现为顽固性腹泻和进行性消瘦。

病原特征

该病病原副结核分枝杆菌，为多形性短杆菌，呈球杆状、短杆状或棒状。具有抗酸染色特性，革兰氏染色阳性。本菌对外界环境的抵抗力相当强，在污染的牧场、圈舍中可存活8～17个月。75%酒精和10%漂白粉能很快将其杀死。

流行特征

本病呈散发或地方性流行。幼龄羊对本菌的易感性较大，多数羊在幼龄时感染，到成年时才出现典型临床症状。病原菌随粪便排出后，污染周围环境，经消化道

感染健康羊。本菌主要存在于病羊的肠道黏膜和肠系膜淋巴结内。

症状与病变

【症状】病羊逐渐消瘦，出现间断性或持续性的顽固性腹泻，粪便呈稀粥状，有时死前呈水样泻痢。体温正常或略有升高。病程可达数月之久，最后病羊极度消瘦、衰弱、脱毛、卧地，并发肺炎，最终死亡。

【病变】尸体常极度消瘦，被毛粗乱、无光泽，下颌水肿，全身脂肪萎缩消失（图5-2）。病变主要在消化道，整个肠管或局部有轻度增厚。黏膜形成皱褶不如牛副结核病明显，肠系膜淋巴结肿大，呈苍白色，肠系膜淋巴管增粗呈绳索状（图5-3）。

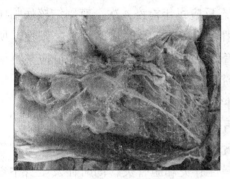 

图5-2 大网膜脂肪萎缩消失　　　图5-3 肠系膜淋巴结肿大

诊断与防治

【诊断】当出现个别羊逐渐消瘦，伴有顽固性腹泻和肠管增厚时，可作初步诊断。

用粪便中的黏液块或直肠黏膜的刮取物制作涂片，通过抗酸染色（图5-4），发现红染的细菌可确诊。还可通过变态反应进行确诊。具体操作是用副结核菌素或禽型结核菌素0.2毫升给羊颈部皮内或尾根皱襞皮内注射，48～72小时后皮肤局部有红肿、硬结，可判为阳性。

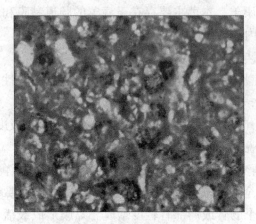

图 5-4　淋巴结抗酸染色可见副结核分枝杆菌

【治疗】羊副结核病无治疗价值。

【预防】用变态反应每年检疫 4 次。有副结核病临床症状或变态反应阳性的病羊，及时屠宰淘汰，阳性羊所生的羔羊应进行育肥后屠宰；感染严重的羊群应整群淘汰。可以用漂白粉、火碱、石炭酸等对圈栏、地面、用具等彻底消毒，并空闲 1 年后再引入健康羊。

2.肝片吸虫病

①称柳叶虫。

羊肝片吸虫病①是由肝片吸虫寄生在羊肝脏、肝胆管内引起的急性或慢性肝炎和胆管炎，同时伴发全身中毒现象和营养障碍等症状的一种寄生虫病。本病对羊危害相当严重，可引起绵羊大批死亡。

▶ **病原特征**

肝片吸虫外观呈柳叶状，背腹扁平。新鲜虫体呈棕红色，固定后为灰白色，体长 20～40 毫米、宽 5～14 毫米。体表生有很多小刺，虫体前端有一个呈三角形的锥状突称头锥。口吸盘呈圆形，位于头锥的前端；腹吸盘比口吸盘稍大，位于肩水平线中部（图 5-5）。生殖孔开口于腹吸盘和口吸盘之间，口孔位于口吸盘中央底部。虫卵相对其他蠕虫卵较大，长 120～150 微米、宽 70～80 微米，呈长卵圆形，黄色或黄褐色。前端较短，有一不明显的卵盖；后端较钝，卵内充满卵黄细胞和一个胚细胞（图5-6）。

图5-5　肝片吸虫形态　　图5-6　肝片吸虫虫卵的形态

▶ 生活史

　　肝片吸虫的发育需要淡水螺作为中间宿主。根据发育过程主要分两个阶段：第一阶段是在外界和中间宿主体内发育，第二阶段是在终末宿主体内发育（图5-7）。

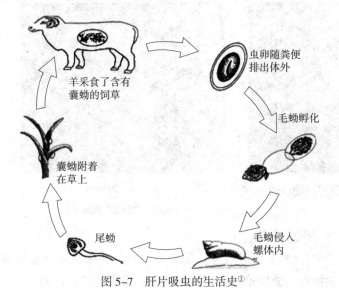

羊采食了含有囊蚴的饲草

虫卵随粪便排出体外

毛蚴孵化

囊蚴附着在草上

尾蚴

毛蚴侵入螺体内

图5-7　肝片吸虫的生活史①

①成虫寄生于动物肝脏、胆管内，产出的虫卵随胆汁入肠腔，经粪便排出体外。虫卵在适宜的温度（25～26℃）、氧气、水分及光线条件下，经11～12天发育形成毛蚴。毛蚴在水中从卵内逸出，遇到适宜的中间宿主，如淡水螺即钻入其体内。毛蚴在螺体内，经无性繁殖发育为胞蚴、雷蚴和尾蚴几个阶段。尾蚴在螺体内发育成熟，在适宜的条件下，从螺体内逸出进入水中，然后附着于水生植物或其他物体上，形成囊蚴。囊蚴被羊吞食后，经瘤胃、网胃、瓣胃、皱胃后进入十二指肠，在此形成幼虫。幼虫到达胆管寄生，发育成成虫并产卵。

▶ 流行特征

羊肝片吸虫病在世界各地均有发生。本病主要流行于春末及夏秋的温暖季节，多呈地区性流行。肝片吸虫的宿主范围较广，主要寄生于黄牛、水牛、绵羊、山羊、骆驼等反刍动物。

▶ 症状与病变

轻度感染一般不表现症状，根据病程一般分为急性型和慢性型两种。急性型病羊在短时间内吞食了大量的囊蚴，起初表现为体温升高、精神沉郁、食欲减退、离群落后，严重的几天后死亡。慢性型病羊逐渐消瘦，黏膜苍白，被毛凌乱，眼睑、下颌及胸下水肿，腹围增大，腹水增多，母羊流产。剖检后在肝脏内可见大量虫体（图5-8）。由于虫体进入胆管，因此长期刺激可引起慢性胆管炎、慢性肝炎和贫血，病初肝脏肿大。随着病程的发展出现肝硬化，重症病例的胆管内膜粗糙、胆汁浓缩（图5-9）。

图 5-8　肝脏内可见肝片吸虫寄生

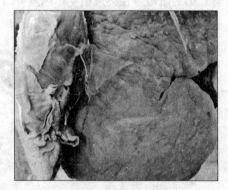

图 5-9　肝硬变

（内蒙古农业大学病理室）

▶ 诊断与防治

【诊断】肝片吸虫病的诊断应根据临床症状、流行病学特点、粪便检查和死后剖检等结果进行综合诊断。

【预防】预防肝片吸虫病必须根据流行病学及其生活史的特点，消灭中间宿主，加强饲养管理，制定综合性的防控措施。

● **驱虫**：驱虫时间和次数应根据当地流行的具体情况而定，一般每年驱虫2次，春、冬各1次。

● **粪便处理**：羊粪便需经发酵处理杀死虫卵后才能应用，驱虫后的粪便更需严格处理。

● **消灭中间宿主**：灭螺是预防肝片吸虫病的重要措施。尽可能在养殖区减少池塘、河沟等螺繁殖地；也可进行化学药物灭螺，常用药物有20%的氯水、硫酸铜溶液（1∶50 000）等。

● **加强饲养卫生管理**：应尽量选择地势高而干燥的牧场放牧，并保持水源清洁。

【治疗】在驱虫的同时进行应对症治疗，常用的驱虫药物见表5-1。

表5-1　常用驱虫与治疗药物

药　　物	剂　　量	使用方法
丙硫苯咪唑	每千克体重10～15毫克	一次性口服
硝氯酚	每千克体重4～5毫克	深部肌内注射
吡喹酮	每千克体重10～15毫克	一次性口服
三氯苯唑	每千克体重8～12毫克	一次性口服

3. 羊毛圆科线虫病

羊毛圆科线虫病是由寄生于羊消化道的多种圆线虫属毛圆科、毛线科和圆线科等线虫引起的羊消化道寄生虫病，其中以血矛属的捻转血矛线虫致病力最强。

▶ **病原特征**

捻转血矛线虫呈毛发状，新鲜虫体因吸血而显现淡红色。头端尖细，口囊小，内有一排矛状小齿。雌雄异体，雄虫长15～19毫米，雌虫长27～30毫米。虫卵呈卵圆形、淡黄色，长 70 ~ 90 微米，宽 40 ~ 50 微米，内有卵细胞(图 5-10、图 5-11)。

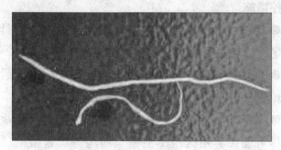

图 5-10　捻转血矛线虫的形态
上：雌虫，下：雄虫

1　　　　2　　　　3　　　　4

图 5-11　捻转血矛线虫
1.虫卵　2.头端　3.交合伞　4.雌虫阴门部

▶ 生活史

捻转血矛线虫寄生于真胃内。雌雄交配后，雌虫产卵，虫卵随粪便排出体外，在适宜的条件下，经一段时间发育为具有感染性的幼虫。当羊采食了含有感染性幼虫的草、饲料或饮水后，幼虫从瘤胃内逸出，到真胃之后发育为成虫。一般感染后 18 ~ 21 天，可在粪便中检查到虫卵（图 5-12）。

▶ 流行特征

本病在全国各地均有不同程度的发生和流行，本病的发生具有季节性，需要一定的湿度、温度和氧气，一般春季多发。羊对捻转血矛线虫有"自愈"现象，这是

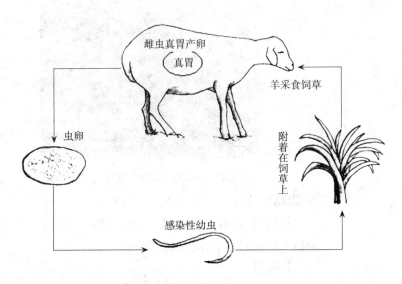

雌虫真胃产卵

真胃

羊采食饲草

虫卵

附着在饲草上

感染性幼虫

图 5-12 捻转血矛线虫的生活史

初次感染时产生的抗体和再感染时的抗原物质相结合所引起的一种免疫性反应。

症状与病变

【症状】

(1) 急性型 主要以肥羔羊突然死亡为特征，高度贫血，眼结膜苍白。

(2) 亚急性型 贫血，羊眼结膜苍白，下颌间和下腹部水肿，消瘦，消化紊乱，下痢与便秘交替出现。病程一般为 2 个月。

(3) 慢性型 症状较不明显，体温一般正常。病程 7 个月。

【病变】尸体消瘦，贫血，可视黏膜苍白；胸腔、心包和腹腔积水；多数组织器官萎缩、色彩变淡；胃黏膜水肿、呈卡他性炎，胃黏膜面见大量的虫体 (图 5-13)；小肠和盲肠黏膜充血、出血。

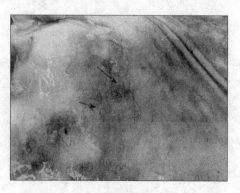

图 5-13　捻转血矛线虫所致的胃卡他性炎

诊断与防治

【诊断】根据临床症状、流行病学、粪便检查及尸体剖检等结果对本病作出综合诊断。

【预防】

● 驱虫：根据当地的流行情况对羊进行驱虫，预防性驱虫一般在春、秋各进行一次。

● 加强饲养管理：放牧羊应避开潮湿地带，注意饮水清洁。圈养时加强粪便管理，合理补充精饲料和所需矿物质，增强羊的抵抗力。

【治疗】常用药物（表 5-2）。

表 5-2　常用驱虫与治疗药物

药　物	剂　　量	使用方法
左旋咪唑	每千克体重 5 毫克	一次性口服
伊维菌素	每千克体重 200 微克	皮下注射
丙硫咪唑	每千克体重 10～15 毫克	一次性口服
阿维菌素	每千克体重 0.2 毫克	皮下注射

4. 羊食道口线虫病

羊食道口线虫病是由寄生于羊肠壁和肠腔的食道口线虫引起的寄生虫病。由于其幼虫阶段能寄生于肠壁并导致寄生部位损伤形成结节，故又名结节虫病。本病给养羊业可造成巨大的经济损失。

▶ 病原特征

　　羊的食道口线虫主要包括哥伦比亚食道口线虫、微管食道口线虫及粗纹食道口线虫三种。呈线状，新鲜虫体呈白色或淡黄色，长 12～20 毫米。有小而浅的圆筒形口囊，口缘有叶冠。雌虫阴门位于肛门前方附近，排卵器发达，呈肾形。雄虫的交合伞发达(图 5-14)。

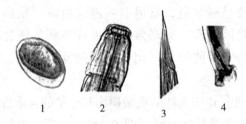

1　　　　2　　　　3　　　　4

图 5-14　食道口线虫

1.雌虫虫卵　2.雌虫头部　3.雌虫尾部　4.雄虫尾部

▶ 生活史

　　生活史见图 5-15 所示。

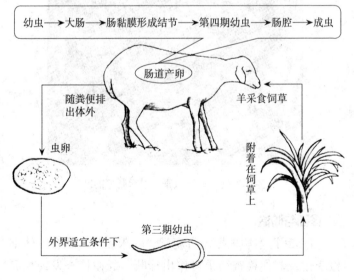

幼虫─→大肠─→肠黏膜形成结节─→第四期幼虫─→肠腔─→成虫

肠道产卵

羊采食饲草

随粪便排出体外

虫卵

附着在饲草上

外界适宜条件下

第三期幼虫

图 5-15　食道口线虫的生活史①

①肠道中寄生的雌虫产卵，虫卵随粪便排出体外，在适宜的条件下孵出第一期幼虫。接着在合适的外界条件下（15～30℃），幼虫发育为具有感染性的第三期幼虫。羊采食了含有感染性幼虫的饲草或饮水，幼虫进入羊的大肠内，进一步进入肠黏膜内形成结节，在节结内发育为第四期幼虫，此期幼虫返回肠腔发育为成虫。

▶ 流行特征

本病在我国各地均有发生，主要流行于夏季，也见于春、秋两季，且主要侵害羔羊。虫卵的抵抗力较强，当外界温度低于9℃时，虫卵不发育。

▶ 症状与病变

【症状】急性型病羊出现消化功能障碍，食欲降低，消化、吸收不良，消瘦。病羊呈明显的顽固性下痢，粪便呈暗绿色，常混有黏液或血液。发病严重的病羊，可因脱水、衰竭致死。慢性型病羊便秘和腹泻交替进行，呈间歇性下痢，下颌间发生水肿，最后虚脱而死。

【病变】由于虫体的机械损伤和分泌的毒素作用，羊肠壁形成灰黄色的节结（图5-16），呈现出血性、化脓性、坏死性炎症，甚至发生腹腔内组织器官的粘连。

图5-16　食道口线虫寄生引起肠壁的结节

▶ 诊断与防治

【诊断】本病根据流行病学、临床症状，结合尸体剖检变化及粪便检查结果可作出诊断。粪便检查发现虫卵或剖检时在肠壁节结内发现虫体即可确诊。

【预防】定期进行预防性驱虫，加强饲养管理，保持饮水、饲料清洁，粪便要发酵处理。

治疗：常用药物见表5-3。

表5-3　常用驱虫与治疗药物

药　物	剂　量	使用方法
左旋咪唑	每千克体重5毫克	一次性口服
伊维菌素	每千克体重0.2～0.3毫克	皮下注射
丙硫咪唑	每千克体重10～15毫克	一次性口服
阿维菌素	每千克体重0.2～0.3毫克	皮下注射

5.羊仰口线虫病

羊仰口线虫病是由羊仰口线虫寄生于羊小肠引起的以贫血为主要特征的寄生虫病，俗称钩虫病。本病对羊危害较大，可引起大部分羊死亡。

▶病原特征

羊仰口线虫呈乳白色或淡红色，雌雄异体，雌虫长15～20毫米，雄虫长12～18毫米，交合伞发达。虫体前端弯向背面，口囊大而朝上，因此称仰口线虫。虫卵长79～97微米、宽47～50微米，两端钝圆，颜色较深，内含暗黑色颗粒（图5-17、图5-18）。

图5-17　仰口线虫形态

1.雄虫　2.雌虫

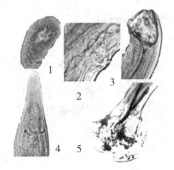

图5-18　羊仰口线虫

1.虫卵　2.雌虫排卵器　3.雄虫头部

4.雌虫尾部　5.雄虫尾部交合伞

▶▶ 生活史

　　肠内寄生的仰口线虫雌虫产卵后，虫卵随粪便排出体外，在适宜条件下发育为具有感染性的幼虫。羊采食了含有感染性幼虫的饲草或感染性幼虫直接经皮肤进入羊体内，进一步到达小肠寄生。经皮肤感染时有 85% 的幼虫得到发育，而经口腔感染时只有 12%~14% 的幼虫得到发育（图 5-19）。

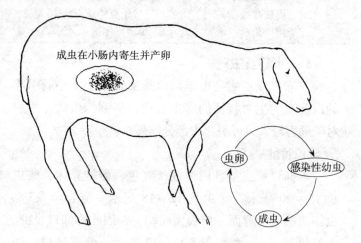

图 5-19　仰口线虫的生活史

▶▶ 流行特征

　　羊仰口线虫病在全国各地均有发生。感染性幼虫的抵抗力较强，夏季时可以存活 2~3 个月，春季存活时间更长。幼虫在 8℃ 条件下不发育，在 35~38℃ 条件下仅能发育为第一期幼虫。

▶▶ 症状与病变

　　【症状】病羊主要表现为进行性贫血，可视黏膜苍白，明显消瘦，皮下水肿，顽固性下痢，粪便黑色、稀软，幼畜发育受阻；严重感染时，有的病例出现神经症状。

　　【病变】主要表现为贫血，血液稀薄且凝固不良；肺表面见大小不等的出血点；心肌变软；肝脏呈灰色，质度变脆；肠黏膜有较多的出血点，十二指肠和空肠内可见大量的虫体，肠内容物呈褐色。

诊断与防治

【诊断】根据临床症状、流行病学、粪便检查发现虫卵及尸体剖检发现多量虫体即可确诊。

【预防】定期驱虫，加强饲养管理，保持畜舍清洁卫生，改善牧场环境。

【治疗】常用驱虫与治疗药物见表5-3所示。

6. 羊夏伯特线虫病

羊夏伯特线虫病是由羊夏伯特线虫寄生于羊的大肠引起的寄生虫病。本病对羊危害较大，尤其危害1岁左右的绵羊。

病原特征

夏伯特线虫虫体呈乳白色，雄虫长16.5～21.5毫米，有发达的交合伞；雌虫长22.5～26毫米。头端为圆形，口孔开口于前腹侧，且口孔宽大，故又称阔口线虫。虫卵呈椭圆形（图5-20、图5-21）。

 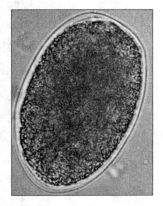

图5-20　夏伯特线虫形态　　　　图5-21　夏伯特线虫虫卵
（内蒙古农业大学寄生虫实验室提供）

生活史

夏伯特线虫虫卵随宿主粪便排到体外，在20℃的温度下，经38~40小时孵出幼虫，经5~6天变为感染性幼虫，羊采食了含有幼虫的饲草后感染。幼虫进入体内6~25天后，第四期幼虫在肠腔内发育为第五期幼虫；经48~54天虫体发育成熟。成虫吸附在肠黏膜上产卵，成虫一般存活9个月左右。

流行特征

虫卵在8~12℃时可长期存活，干燥和日光直射时经10~15分钟死亡，感染性幼虫在低温条件下能存活1年以上。成年羊的抵抗力较强。1岁左右的羔羊最易感染，且发病较为严重。

症状与病变

病羊被毛凌乱，食欲减退，消瘦，下颌水肿，苍白。严重感染时出现下痢，粪便带有血液和黏液。幼畜生长发育迟缓，有时可引起死亡。尸体剖检可见虫体吸附在肠壁上引起的损伤，吸血引起的苍白；肠水肿、出血、溃疡。

诊断与防治

【诊断】根据临床症状、流行病学特征，结合虫体检查和尸体剖检病变及肠道内发现虫体即可确诊。

【预防】

● 驱虫：可根据当地的流行情况对羊进行驱虫。预防性驱虫一般在春、秋各进行一次。

● 加强饲养管理：放牧羊应避开潮湿地带，注意保持饮水清洁。圈养时，要及时清理粪便，合理给予补充精料和所需矿物质，增强羊体抵抗力。

【治疗】常用驱虫与治疗药物见表5-3所示。

7. 羊前后盘吸虫病

羊前后盘吸虫病是由前后盘科的多种前后盘吸虫寄

生于羊瘤胃和胆管壁上引起的寄生虫病。一般成虫的危害不是很严重，但当大量童虫移行寄生于羊真胃、小肠、胆管时可引起严重的病变，甚至羊的大量死亡。

▶ 病原特征

前后盘吸虫种类很多，大小、形状、颜色因种类差异而不同。其总体特征为：小的如绿豆，大的如豌豆。虫体呈圆锥状或圆柱状，虫体颜色呈乳白色、灰白色或棕红色。口吸盘在虫体前端，腹吸盘在虫体后端，故名前后盘吸虫。雌雄同体，睾丸 2 个，位于虫体中部；卵巢 1 个，位于睾丸后侧缘（图 5-22、图5-23）。

图 5-22　前后盘吸虫的各期幼虫形态
1.虫卵　2.雷蚴　3.尾蚴　4.囊蚴

图 5-23　前后盘吸虫形态
（内蒙古农业大学寄生虫实验室提供）

▶ 生活史

中间宿主为螺（图 5-24）。

①成虫在牛、羊的瘤胃内产卵，卵随粪便排出体外。在外界适宜的条件下虫卵孵出毛蚴，毛蚴在水中遇到适宜的中间宿主扁卷螺，即钻入其体内，经胞蚴、雷蚴发育为尾蚴。尾蚴成熟后从螺体内逸出，附着在水草上形成囊蚴。牛、羊等吞食含有囊蚴的水草而被感染，囊蚴到达肠道变为童虫。童虫在小肠、胆管、胆囊和真胃内移行，寄生数十天，最后到瘤胃内发育为成虫。

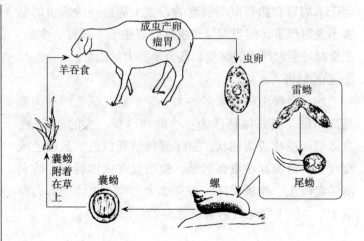

图5-24 前后盘吸虫的生活史①

流行特征

本病在全国各地均有发生，多发于多雨的夏、秋季，在南方地区较北方地区多见。其发生与中间宿主的生存环境有一定的关系。

症状与病变

【症状】羊轻度感染时无明显的临床症状，大量童虫在体内移行时，表现出明显的临床症状。病羊精神沉郁，厌食，消瘦。顽固性下痢，粪便呈水样，恶臭并混有血液。严重的病例见眼睑、下颌、胸腹下部水肿，最后衰竭死亡。

【病变】小肠与真胃黏膜水肿、出血，小肠内可见大量童虫，肠道内充满腥臭的稀粪，胆管、胆囊膨胀，囊内含童虫。

诊断与防治

【诊断】根据流行病学及临床症状怀疑是本病时，对病羊粪便进行检查发现虫卵或病羊死后剖检见大量童虫即可确诊。

【预防】预防羊前后盘吸虫病应根据流行病学特

点，消灭中间宿主，加强饲养管理，制定综合性的防控措施。

● **驱虫**：驱虫应根据当地流行的具体情况而定，一般每年驱虫两次，春、冬季各一次。

● **粪便处理**：羊粪便需经发酵处理杀死虫卵后才能应用，驱虫后的粪便更需严格处理。

● **消灭中间宿主**：灭螺是预防前后盘吸虫病的重要措施。可结合农田水利建设、草场改良，以改变螺的生存条件；也可进行化学药物灭螺，常用药物有20%氯水、硫酸铜溶液（1∶50 000）等。

● **加强饲养卫生管理**：放牧应尽量选择地势高而干燥的牧场，并保持水源清洁，以防羊受到感染。

【治疗】常用驱虫与药物见表5-4。

表5-4 常用驱虫与治疗药物

药 物	剂 量	使用方法
吡喹酮	每千克体重 50～70 毫克	一次性口服
丙硫咪唑	每千克体重 30～40 毫克	一次性口服
硝氯酚	每千克体重 80 毫克	一次性口服

8. 羊莫尼茨绦虫病

羊莫尼茨绦虫病是由莫尼茨绦虫寄生于羊小肠引起的寄生虫病。对羔羊危害较重，可导致羔羊大批死亡。

▶ **病原特征**

莫尼茨绦虫主要有两种：扩展莫尼茨绦虫和贝氏莫尼茨绦虫。扩展莫尼茨绦虫虫体呈乳白色，带状，长1～5米，宽1.6厘米，雌雄同体，虫体由头节、颈节、体节组成。虫卵近似三角形，直径为50～60微米。贝氏莫尼茨绦虫虫体外观与扩展莫尼茨绦虫相似，呈黄白色，长4

米，宽 2.6 厘米，虫卵呈四角形。二者虫卵内均含有特殊的梨形器，器内含六钩蚴（图 5-25、图5-26）。

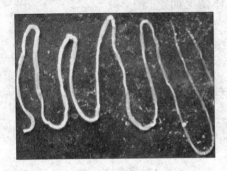

图 5-25　莫尼茨绦虫形态

  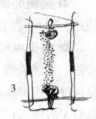

图 5-26　莫尼茨绦虫
1.头节　2.虫卵　3.成熟节片

▶ 生活史

莫尼茨绦虫的中间宿主为地螨类，主要包括肋甲螨和腹翼甲螨（图 5-27）。

①虫卵或孕节随粪便排出体外后，被中间宿主地螨吞食，并在其体内发育为具有感染性的似囊尾蚴。羊吞食了含有感染性的似囊尾蚴的地螨后，似囊尾蚴吸附在羊肠壁上，发育为成虫。扩展莫尼茨绦虫虫卵在羔羊体内，经 37～40 天发育为成虫；贝氏莫茨绦虫在绵羊体内，经 42～49 天发育为成虫。成虫在羊体内的寿命一般为 2～6 个月，然后自动排出体外。

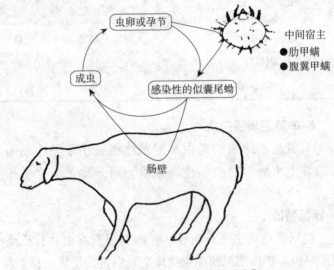

图 5-27　莫尼茨绦虫的生活史①

▶ 流行特征

莫尼茨绦虫病在世界各地均有发生。在我国主要以东北、西北和内蒙古的农牧区流行广泛，其他地区也有发生。易感动物主要是 1.5～8 月龄的羔羊。莫尼茨绦虫病的流行有一定的季节性，夏、秋季温度适宜，地螨数量增加，易引起本病的发生流行。

▷ 症状与病变

【症状】莫尼茨绦虫病主要发生在羔羊，成年羊一般无临床症状。发病初期，病羊表现精神沉郁、消瘦、粪便变软，之后出现腹泻，粪便中含有黏液和乳白色孕节片。随着病程的发展，羔羊衰弱、贫血，有时有明显的神经症状。病程末期病羊常因体质衰弱而死。

【病变】病羊尸体消瘦，苍白，贫血。胸腹腔内有大量的混浊液体渗出。肠内有虫体（图 5-28），肠出血，呈卡他性炎症变化，肠内粪便呈淡绿色液体状，常伴有肠阻塞或肠套叠。有时大脑出血。

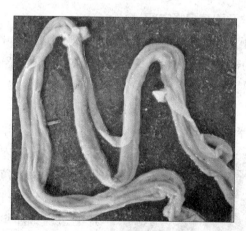

图 5-28　莫尼茨绦虫寄生引起肠管阻塞

▷ 诊断与防治

【诊断】根据临床症状、流行病学特征，结合粪便虫体和孕节片检查，以及尸体剖检病变和肠道内发现虫体，即可确诊。

【预防】

● **驱虫**：在流行季节和地区，对成年羊及羔羊进行驱虫，以切断虫卵的来源。

● **消灭中间宿主**：结合当地实际，采取措施改变地螨的生存环境以减少地螨的数量。

● **合理选择放牧地点和时间**：尽量避开地螨存在较多的地区放牧，不要在潮湿多雨的时间放牧。

【治疗】常用驱虫与治疗药物见表5-5。

表5-5 常用驱虫与治疗药物

药　物	剂　　　量	使用方法
吡喹酮	每千克体重10～15毫克	一次性口服
丙硫咪唑	每千克体重10～20毫克	一次性口服
灭绦灵	每千克体重70～80毫克	一次性口服

9. 羊无卵黄腺绦虫病

无卵黄腺绦虫病是由中点无卵黄腺绦虫寄生于羊小肠内引起的寄生虫病。本病多与羊莫尼茨绦虫混合感染发病。

▶ **病原特征**

中点无卵黄腺绦虫成虫虫体长而窄，长2～3米、宽2～3毫米。头节上无顶突和钩，有4个吸盘，节片分节不明显。成节内有一套生殖器官，生殖孔左右不规则地交替排列在节片的边缘，卵巢位于生殖孔一侧，子宫在节片中央，睾丸位于纵排泄管两侧。虫卵内无梨形器，直径21～38微米（图5-29）。

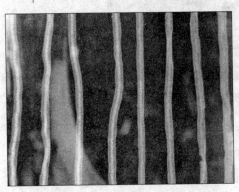

图5-29　无卵黄腺绦虫的大体形态

▶ 生活史

生活史尚不完全清楚，一般认为其中间宿主为地螨。

▶ 流行特征

无卵黄腺绦虫病多见于西北及内蒙古农牧区，具有明显的季节性，多发于秋季与初冬季节。6月龄以上羊易感染发病，成年羊也可感染发病。

▶ 症状与病变

本病的临床症状不明显，较严重时病羊表现腹痛、贫血、消瘦等症状，剖检可见大量的虫体阻塞肠管（图5-30）。

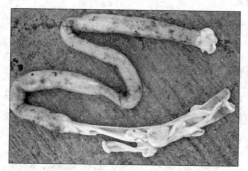

图5-30　无卵黄腺绦虫寄生引起肠管阻塞

▶ 诊断与防治

参考莫尼茨绦虫病。

10. 羊曲子宫绦虫病

曲子宫绦虫病是由盖氏曲子宫绦虫寄生于羊小肠引起的寄生虫病。本病多与莫尼茨绦虫混合感染发病。

▶ 病原特征

曲子宫绦虫成虫呈乳白色，带状，体长可达4米，宽可达17毫米，头节细小，直径1毫米左右。外观侧缘不整，有4个吸盘，无顶突。孕卵节片可见子宫呈波浪状弯曲，是曲子宫绦虫最明显的特征，也由此得名。虫卵呈椭圆形，直径为18～27微米（图5-31、图5-32）。

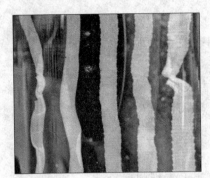

图 5-31 曲子宫绦虫的大体形态
(内蒙古农业大学寄生虫实验室提供)

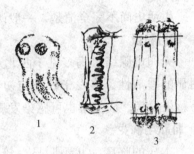

图 5-32 曲子宫绦虫
1.头节 2.孕节 3.成节

▶ 生活史

其中间宿主不明确，发育过程类似于莫尼茨绦虫。

▶ 流行特征

曲子宫绦虫感染不仅限于羔羊，成年羊也可感染，在羔羊体内常和莫尼茨绦虫混合感染。

▶ 症状与病变

曲子宫绦虫的感染一般无明显的临床症状，常和莫尼茨绦虫混合感染，临床症状与莫尼茨绦虫病类似。

▶ 诊断与防治

参考莫尼茨绦虫病的诊断与防治。

11. 羊棘球蚴病

羊棘球蚴病是由细粒棘球绦虫的幼虫（棘球蚴）寄生于羊的肝、肺等脏器组织内引起的一种寄生虫病①。人和其他动物也可感染，是一种人畜共患病。

▶ 病原特征

细粒棘球绦虫成虫虫体较小，长 2~7 毫米，由 1 个头节和 3~4 个节片组成，头节呈梨形，有 4 个吸盘和顶突钩（图 5-33）。成节内含有一套雌雄同体的生殖器官，睾丸

①又称包虫病。

35~55个。生殖孔位于节片侧缘的后半部。虫卵呈椭圆
形，大小为（32~36）微米×（25~30）微米 (图5-34)。

图5-33 细粒棘球绦虫形态　　图5-34 细粒棘球绦虫的卵

　　细粒棘球蚴呈球形囊泡，内含液体，其形状常取决于
寄生的部位。棘球蚴的囊壁分两层：外层为乳白色的角质
层；内层为胚层，也称生发层。前者是由后者分泌而成。
胚层向囊腔内生出小囊，囊内生成许多原头蚴，具有感染
性。原头蚴（图5-35）游离于囊液中，眼观像"囊砂"
（图5-36）。囊液呈淡黄色，囊液与宿主的血清极其相似。

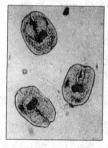 

图5-35 原头蚴　　图5-36 细粒棘球绦虫囊砂

▶ 生活史

　　羊为中间宿主，犬为终末宿主（图5-37）。

▶ 流行特征

　　羊棘球蚴病呈世界性分布，但多以牧区为主。我国
以西北、东北、内蒙古地区流行。棘球绦虫的中间宿主
较为广泛，但绵羊是其最适宜的中间宿主，其主要感染

源是犬。人感染多由直接接触带有棘球绦虫的犬类引起。本病多发于冬季和春季。

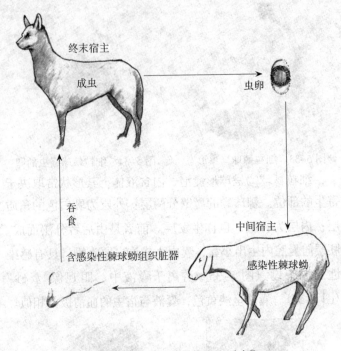

图 5-37　细粒棘球绦虫生活史①

①棘球绦虫的虫卵和孕节随犬粪便排出体外，羊采食了含有虫卵和孕节的饲料或饮水，进入消化道内，六钩蚴经肠壁进入血液，到达其他组织和脏器，其中肝脏和肺脏最多。在此寄生，生长发育成具有感染性的棘球蚴，可持续生长数年。犬吞食了含有棘球蚴的内脏而感染，进入消化道内发育为成虫。

▶ 症状与病变

【症状】病初或轻度感染时病羊没有明显的临床症状；严重感染时病羊表现为营养失调、消瘦。寄生在肺部时表现为呼吸困难、咳嗽；寄生在肝脏时病羊表现为消瘦、贫血、黄染。病羊感染棘球蚴主要引起寄生部位的机械性压迫、中毒和过敏反应，压迫使组织萎缩和功能障碍。

【病变】肺、肝表面凹凸不平，表面有数量不等的棘球蚴囊泡突起。囊泡为灰白色或浅黄色，呈球形、椭圆形，囊泡内囊液含有大量的棘球砂。其他脏器、肌肉偶见棘球蚴（图 5-38 至图 5-42）。

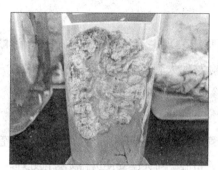

图 5-38　棘球蚴寄生的肝脏钙化
（内蒙古农业大学病理室提供）

图 5-39　棘球蚴寄生的肺脏病变
（内蒙古农业大学病理室提供）

图 5-40　棘球蚴寄生的肾脏病变
（内蒙古农业大学病理室提供）

图 5-41　棘球蚴寄生形成的包囊
（内蒙古农业大学寄生虫室提供）

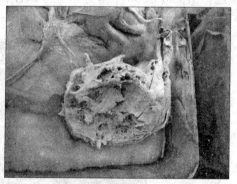

图 5-42　棘球蚴寄生的肝脏空泡
（内蒙古农业大学病理室提供）

▶ 诊断与防治

【诊断】根据临床表现、流行特征对本病进行诊断比较困难。尸体剖检发现大量的棘球蚴囊泡，并含有大量的棘球蚴时可确诊。

【预防】

● 加强饲养管理：给犬定期驱虫。常用药物有吡喹酮，每千克体重 5 毫克，口服。对犬的粪便进行无害化处理。

● 严禁用病羊的脏器喂犬：对病羊脏器进行无害化处理。

● 保持饲草和饮水卫生，防止被犬的粪便污染。

【治疗】本病治疗无特效药物，一般采用外科手术摘除治疗。主要以预防为主。

12. 羊细颈囊尾蚴病

羊细颈囊尾蚴病①是由细颈囊尾蚴（泡状带绦虫的中绦期）寄生引起羊的一种常见的寄生虫病。

①俗称水铃铛。

▶ 病原特征

细颈囊尾蚴呈囊泡状（图 5-43），大小不等，内含透明液体，在囊泡上有一白色的头节。成虫扁带状、乳白色，由 250 ~ 300 个节片组成。虫体长 45 ~ 100 厘米，宽1 ~ 5 毫米，分为头节、颈节和体节。虫卵呈无色透明的

图 5-43　羊细颈囊尾蚴形态

圆形或椭圆形，大小为5~70微米，内有六钩蚴虫。

▶ 生活史

孕节随粪便排出体外，节片被羊吞食后，六钩蚴由小肠经血液到达肝脏及其他组织器官，经2.5~3个月，发育为羊细颈囊尾蚴。犬吞食了含有细颈囊尾蚴的肝脏后，在犬的小肠内发育为成虫，即泡状带绦虫。

▶ 流行特征

本病在世界范围内均有发生。在养犬的地方，一般家畜均可能感染细颈囊尾蚴。绵羊易感，对羔羊的致病力强，发病率高。

▶ 症状与病变

成年羊一般无明显的临床症状，羔羊症状明显。病羊精神沉郁，消瘦，黄疸，体温升高，生长缓慢。急性病例肝脏肿大、质地稍软，表面有许多小结节和小出血点。病羊常出现急性腹膜炎的症状，腹膜可见血性或脓性渗出物，尸体剖检可见有大量成熟的囊泡（图5-44、图5-45）。

图5-44 大网膜表面可见细颈囊尾蚴　　图5-45 肝表面可见细颈囊尾蚴寄生

诊断与防治

▶ 【诊断】根据临床症状、流行病学特征，并结合尸体剖检发现虫体可作出诊断。

【预防】

● **对犬定期检查和驱虫：**常用药物有丙硫咪唑（每

千克体重 10~20 毫克，一次性口服）、硫双二氯酚（每千克体重 200 毫克，一次性口服）。

● 加强肉品卫生检验：中间宿主的动物屠宰后，检出细颈囊尾蚴及其寄生的脏器进行无害化处理，防止被犬偷食。

【治疗】本病的治疗没有特效方法和药物，主要以预防为主。

13. 羊日本分体吸虫病

羊日本分体吸虫病又称日本血吸虫病，是由日本分体吸虫寄生于羊门静脉系统的小血管内引起的寄生虫病，同时也是一种危害较为严重的人畜共患寄生虫病。

> **病原特征**

日本分体吸虫为雌雄异体，雄虫乳白色，长 10～20 毫米，宽 0.5～0.55 毫米。口吸盘在虫体的前端，腹吸盘较大，在口吸盘后方附近。有睾丸 7 枚，呈椭圆形。

从腹吸盘向后直到尾部，虫体两边向腹侧卷起，形成"抱雌沟"。雌虫呈暗褐色，长 15～26 毫米，宽 0.3 毫米，口、腹吸盘均较小。虫卵呈椭圆形，淡黄色，卵壳较薄，无卵盖，长 70～100 微米，宽 50～80 微米（图 5-46、图 5-47）。

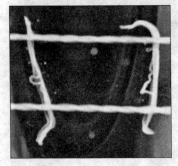

图 5-46　日本分体吸虫形态
（内蒙古农业大学寄生虫实验室提供）

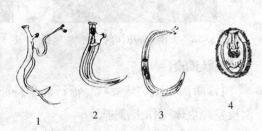

图 5-47　日本分体吸虫
1.雌雄合抱　2.雄虫　3.雌虫　4.虫卵

生活史

日本分体吸虫的整个发育过程包括六个阶段：虫卵、毛蚴、胞蚴、尾蚴、童虫及成虫（图5-48）。

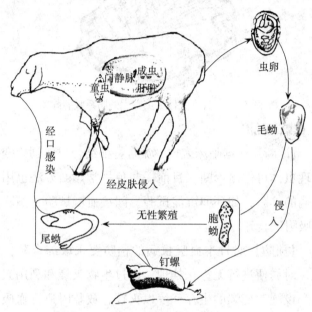

图5-48 日本分体吸虫的生活史①

流行特征

日本分体吸虫病的发生有一定的地区性，主要分布在亚洲地区。季节性明显，多发于夏、秋季节。日本分体吸虫的发育必须经过中间宿主钉螺，否则不能发育。

症状与病变

【症状】病羊表现为食欲不振，体温上升，行动缓慢，呆立不动。粪便含黏液、血液。病后期严重贫血，因衰竭而死亡。

【病变】病羊尸体消瘦，贫血。虫卵沉积在组织中形成虫卵结节。肝脏的病变较为明显，其表面可见大小不等的灰白色或灰黄色虫卵结节。肠道可见虫卵结节（图

①成虫在人、羊和其他动物的门静脉和肠系膜静脉内寄生。一般雌雄合抱，雌虫产卵，产出的虫卵一部分顺血液流到肝脏形成结节，造成严重的损害。另一部分到达肠壁形成结节，结节破溃后虫卵即进入肠腔，随粪便排出体外。在水中适宜的条件下（温度在 25～30℃），虫卵孵出毛蚴。毛蚴在水中遇到其适宜的中间宿主钉螺，钻入螺体内，进行无性繁殖，经胞蚴形成尾蚴。成熟的尾蚴从螺体内逸出，遇到羊或其他易感动物时经皮肤或口进入动物体内，在体内发育形成童虫。童虫经血液循环到达门静脉寄生，在宿主体内发育为成虫。成虫在宿主体内的寿命一般为3～5年。

5-49)，并伴有小溃疡灶。

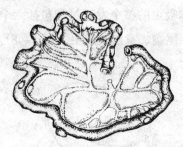

图 5-49　日本分体吸虫寄生的肠系膜静脉

▶ 诊断与防治

【诊断】根据临床表现、流行特征结合尸体剖检变化发现虫体可作出诊断。目前一些免疫学诊断方法也用于该病的诊断，如环卵沉淀试验、间接血凝试验、酶联免疫吸附试验等。

【预防】对日本血吸虫病的预防要采取综合防控措施，对粪便进行无害化处理。通过生物灭螺和利用兴修水利设施改变螺的生存环境以灭螺，放牧时避开血吸虫病流行地区。

【治疗】吡喹酮每千克体重 20 毫克，一次性口服。

14. 羊阔盘吸虫病

羊阔盘吸虫病是由歧腔科、阔盘属的阔盘吸虫寄生于羊胰脏的胰管中引起的以营养障碍和贫血为主要症状的吸虫病，其中胰阔盘吸虫分布最为广泛。

▶ 病原特征

胰阔盘吸虫活时为棕红色，固定后为灰白色。虫体扁平、较厚、呈长卵圆形，体表被有小棘。虫体长 8 ~ 16 毫米，宽 5 ~ 5.8 毫米（图 5-50）。吸盘比较发达，口吸盘大于腹吸盘，生殖孔开口于肠叉的后方，卵巢分叶，位于睾丸之后。虫卵为黄棕色或深褐色，椭圆形，两侧稍不对称，有卵盖，长 42～50 微米，宽 26～33 微米（图 5-51）。

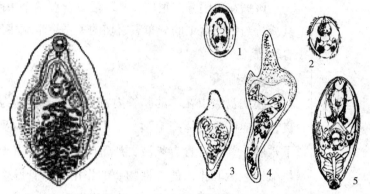

图 5-50 羊阔盘吸虫的形态

图 5-51 阔盘吸虫的虫卵及各期幼虫形态
1.虫卵 2.毛蚴 3.母胞蚴 4.子胞蚴 5.尾蚴

▶ 生活史

阔盘吸虫的发育需要两个中间宿主：第一中间宿主是蜗牛，第二中间宿主是草螽（图 5-52）。

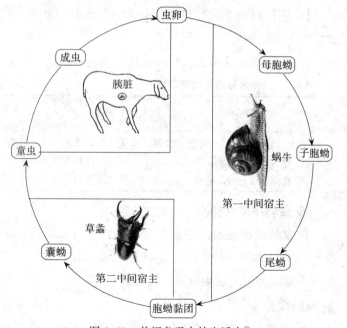

图 5-52 羊阔盘吸虫的生活史①

①虫卵随羊的粪便排出体外，被第一中间宿主蜗牛吞食后，在蜗牛体内经母胞蚴、子胞蚴和尾蚴，再经蜗牛的气孔排出，附在草上，形成圆形的囊，内含尾蚴，称子胞蚴黏团。接着被第二中间宿主草螽吞食，在草螽体内继续发育成囊蚴。草螽被羊吞食后，幼虫进入羊的肠道，然后进入胰脏寄生。整个发育过程需要 9～16 个月。

流行特征

该病在我国分布很广，其生活史含有两个中间宿主，其流行与中间宿主的分布有密切的关系。本病多发于冬、春季节。

症状与病变

胰阔盘吸虫在羊的胰管内寄生。病羊表现为营养不良，贫血明显，体瘦毛枯，毛干易脱落，下颌及胸部皮下水肿，粪便常含有黏液，严重时可致死。由于虫体的机械性刺激和排出的毒性物质的作用，胰管发生慢性增生性炎症，胰脏功能异常，引起消化功能紊乱。

诊断与防治

【诊断】根据流行病学、临床症状等怀疑患此病时，进一步检查粪便，发现虫卵即可确诊。或对病羊尸体进行剖检，发现虫体也可作出诊断。

【预防】对病羊进行驱虫，消灭中间宿主，避免羊采食含有草螨的饲草。

【治疗】本病常用驱虫与治疗药物见表5–6。

表 5-6　常用驱虫与治疗药物

药　　物	剂　　量	使用方法
六氯对二甲苯	每千克体重 300～400 毫克	口服，隔天 1 次，3 次为一个疗程
吡喹酮	每千克体重 10～15 毫克	一次性口服
丙硫咪唑	每千克体重 10～15 毫克	一次性口服

15. 营养不良性贫血

贫血是指循环血液中血红蛋白的浓度降低或红细胞数量减少引起的一种疾病。多种病因可引起贫血，由于营养不足引起的贫血为营养不良性贫血。

发病原因

● 饥饿：长期饲料营养不足或饲喂量不够，使羊逐渐消瘦，发生贫血，常发于冬末春初。

● **铁等微量元素缺乏**：某些地区的土壤内缺乏铜、铁和钴时，不能满足羊的生长需求，可引起贫血。

● **维生素缺乏**：如饲草料中缺乏维生素 B_{12} 可引起贫血。

▶ 症状与病变

病羊可视黏膜苍白，阴门、乳房等少毛或无毛的部位皮肤也显著发白；羊都体消瘦，精神沉郁，衰弱无力，轻微运动可使病羊呼吸和脉搏加快。严重时，病羊食欲明显下降，消化不良，腹泻。

【病变】血液颜色变淡、变稀薄，凝固不良，严重时稀薄如水（图 5-53）。各组织器官出现明显萎缩，且颜色变淡。在心包、胸腔、腹腔内液体增多。

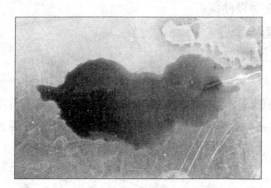

图 5-53 血液稀薄如水

▶ 诊断与防治

【诊断】根据饲喂情况、临床表现和病理变化可作出初步诊断，通过检测，发现血红蛋白浓度降低或红细胞数量减少时可确诊。

【预防】加强饲养管理，保证饲料营养全面，给羊提供充足的微量元素和维生素，做好各种疾病的预防和保健工作，定期驱虫。

【治疗】改善饲料，增加营养成分，尤其是蛋白质、微量元素和维生素含量如增加精饲料，补充铜、铁（硫酸亚铁）、钴等微量元素及各种维生素。

16. 异嗜癖

异嗜癖是指羊喜欢舔食不正常的非饲料性物质的疾病，本病常发生于过度放牧地区和长期干旱时期。异嗜癖中的啃骨症和食塑料薄膜症最常发生，危害也最大。

▶ 发病原因

● **饲料不足，营养不良**：尤其在冬末、春初季节或长久干旱地区时，牧草缺乏，且其中的维生素、微量元素和蛋白质含量低、难消化，易引起消化功能和代谢紊乱，使羊味觉异常而发生异嗜癖。

● 伴发于患慢性消化不良、软骨症和某些微量元素缺乏症等慢性疾病。

▶ 症状与病变

【症状】

（1）啃骨症　病羊食欲极差，身体消瘦，眼球下陷，被毛粗糙，精神沉郁，喜欢吞食骨块或木片等异物（图5-54）。病程时间长时母羊产乳量明显下降，羊极度贫血，最终死亡。

图5-54　羊患异嗜癖吞食异物

（2）食塑料薄膜症 病程较长，可达3个月左右，病羊爱吃塑料薄膜。疾病初期症状不明显，后期表现为低头弓腰，腹泻，有时回头看腹部。严重时食欲废绝，反刍停止，可视黏膜苍白，心跳和呼吸加快，显著消瘦，最后死亡。

【病变】

（1）啃骨症 前胃及皱胃内都可能有骨块或木片存在，其他脏器无明显变化。

（2）食塑料薄膜症 在瘤胃中有大小不等的塑料薄膜团块，有的团块阻塞胃通道。

▶ 诊断与防治

【诊断】根据临床症状和病变可进行诊断。

【预防】加强饲养管理，给羊饲喂多样化的饲料，保证营养均衡。

【治疗】

（1）啃骨症 改善饲养管理，供给多样化的饲料，尤其要重视供给蛋白质和矿物质，病羊可在短期内恢复。

（2）食塑料薄膜症

▷ 投服健胃药，促进瘤胃蠕动，促进反刍，可能使塑料返到口腔嚼碎。

▷ 应用盐类泻剂，促进塑料和长期滞留在胃肠道内腐败的有害物质排出。

▷ 对重症病羊，施行瘤胃切开术，去除积留的塑料团块。

17. 钴缺乏症

钴缺乏症又称营养不良、地方性消瘦、海岸病等，是因钴元素[①]缺乏引起羊以食欲减退、贫血和消瘦为特征的一种疾病。

▶ 发病原因

土壤中钴元素含量少，特别是在春、夏季钴含量更少，使饲料和饲草中钴元素含量不足，易引起羊钴缺乏症。

①钴是机体重要的微量元素，在羊体内的正常含量不超过1/20 000，可以合成机体必需的维生素B_{12}和促进造血。钴缺乏影响瘤胃发酵和食物消化及造血，发病羊表现为机体消瘦、虚弱和贫血。

> **症状与病变**

发病羊渐进性消瘦、虚弱和贫血，可视黏膜苍白，腹泻，眼睛流出水样分泌物，毛生长不良。长期钴缺乏可引起羊死亡。

> **诊断与防治**

【诊断】根据羊贫血、消瘦、毛生长不良等临床症状可进行初步诊断。用钴制剂进行试探性治疗，疗效好可以作出诊断，再结合土壤、牧草钴含量分析进行确诊①。本病与寄生虫病，铜、硒和其他营养物质缺乏症的临床症状相似，应注意鉴别。

①土壤钴元素含量低于 3 毫克 / 千克，牧草中钴元素含量低于 0.07 毫克 / 千克，可诊断为钴缺乏症。

【预防】

➤ 给羊饲喂钴含量在每千克干物质 0.07～0.8 微克以上的饲草和饲料。

➤ 每只成年羊每月一次饲喂 250 毫克的钴，具有显著的预防效果。

➤ 羔羊在瘤胃未发育成熟之前，可肌内注射维生素 B_{12}，每只羊每次 100～300 微克。

【治疗】更换牧场放牧，轻症病羊可迅速恢复；重症病羊可口服氯化钴或硫酸钴，每只羊每次 7 毫克，每周 1 次；或每只羊每次 300 毫克，每月 1 次，有明显疗效。

二、脱毛

羊在患某些疾病时发生不同程度的脱毛现象（图 5-55）。

1. 羊螨病

羊螨病②是由疥螨和痒螨寄生于羊体表引起的一种慢性寄生性皮肤病。主要以皮肤出现剧痒、增厚、结痂、脱毛、消瘦为特征。本病严重危害养羊业，给养殖户造成巨大的经济损失。

②羊螨病又称疥癣、疥虫病和疥疮病。

图 5-55　患病羊局部或全身被毛脱落

主要表现脱毛症状的羊病 { ● 寄生虫病：羊螨病、羊硬蜱病
　　　　　　　　　　　　　 ● 营养代谢病：羊锌缺乏症

其他伴有脱毛症状的羊病 { ● 病毒性疾病：绵羊痒病、蓝舌病
　　　　　　　　　　　　 ● 寄生虫病：羊阔盘吸虫病
　　　　　　　　　　　　 ● 营养代谢病：羊维生素 B 族缺乏症、食毛症

▶ 病原特征

　　羊螨病主要是由疥螨科疥螨属和痒螨科痒螨属的螨引起。螨对外界环境有一定的抵抗力，疥螨在 7～8℃的环境中能存活 15～18 天，痒螨对外界的抵抗力比疥螨还要强（图 5-56 至图 5-59）。二者的区别见表 5-7。

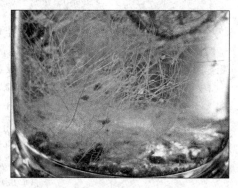

图 5-56　痒螨形态
（内蒙古农业大学寄生虫实验室提供）

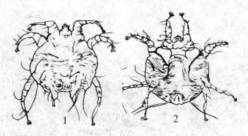

图 5-57 痒 螨

1.雄虫 2.雌虫

图 5-58 疥螨形态

（内蒙古农业大学寄生虫实验室提供）

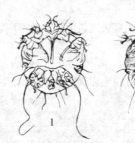

图 5-59 疥 螨

1.雄虫 2.雌虫

表 5-7 疥螨与痒螨的区别

病原	形状	大小	口器	腿	寄生部位	吸盘
疥螨	扁圆形或龟形，背面粗糙	0.2～0.5毫米	蹄铁状，短粗，咀嚼式	粗短	皮肤角化层	雄虫第1、2、4对足的末端有柄和吸盘，雌虫第4对足的末端没有柄和吸盘
痒螨	长椭圆形	0.5～0.8毫米	圆锥状，长而尖，刺吸式	细长	皮肤表面	雌虫的第1、2、4对足和雄虫的前3对足有喇叭形的吸盘，长在分节的柄上

生活史

　　疥螨与痒螨的全部发育过程都在动物体上度过，包括卵、幼虫、若虫和成虫四个阶段。其中雄螨有 1 个若虫期，雌螨有 2 个若虫期（图 5-60）。

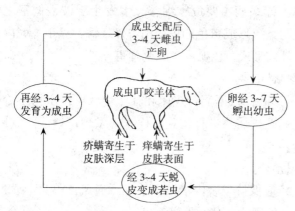

图 5-60　痒螨和疥螨的生活史

流行特点

　　本病主要经接触传播，病羊或者被病原污染的畜舍、用具等间接接触可引起感染（图 5-61）。羊螨多发生于秋末、冬季、初春时期。日光照射不足、羊舍阴暗潮湿、体表绒毛增生时，有利于螨的发育。幼畜易感，成年羊有一定的抵抗力。

图 5-61　痒螨、疥螨的流行特征

▶ 症状与病变

疥螨病主要危害山羊，多见于嘴唇四周、眼圈、耳根等处，皮肤皲裂，山羊采食困难。绵羊主要病变集中在头部，病变部皮肤有如胶皮样痂皮，故有"石灰头"之称。痒螨病主要危害绵羊，多发生于被毛稠密之处，脱毛明显，形成黄色痂皮。山羊痒螨病常见于耳壳内面，易在耳内形成黄色痂皮，阻塞耳道。

▶ 诊断与防治

【诊断】根据流行规律和临床症状可作出初步诊断。刮取病灶皮屑物进行实验室检查，发现疥螨或痒螨即可确诊。

【预防】

➤ 应保持羊舍内清洁、干燥、通风，羊只不要过于拥挤，发现病羊及时隔离治疗。

➤ 新入场的羊只要先隔离检疫，确保健康后方可混群。

➤ 在常发病地区，每年预防性用药，口服或注射伊维菌素或阿维菌素。

【治疗】伊维菌素或阿维菌素的使用量是每千克体重0.2~0.3毫克，皮下注射。

2. 羊硬蜱病

羊硬蜱[①]病是由硬蜱引起羊的一种体表寄生虫病。硬蜱是寄生于羊体表的一种吸血性体外寄生虫，除直接侵袭、危害宿主外，其还是许多病原的传播媒介，因此严重威胁着养羊业的发展。

▶ 病原特征

硬蜱在分类上属蜘蛛纲、蜱螨目、蜱亚目、硬蜱科。硬蜱成虫呈长椭圆形，背腹扁平，可分为假头和躯体两大部分（图5-62）。假头由假头基和口器组成，位于蜱的前端，假头基的形状因蜱的种类而异，一般呈梯形、

①羊硬蜱俗称草爬子。

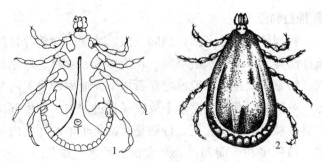

图 5-62 硬 蜱

1.腹侧 2.背侧

矩形、六角形等；口器向躯体前部伸出。呼吸孔位于第四对肢后。饥饿的成虫长达 7 毫米。成虫有 4 对足，幼虫仅有 3 对足。蜱均为雌雄异体，个体差异大，未吸血的蜱仅比芝麻粒稍大，而饱血后的蜱为蓖麻子大小。

▶ 生活史

蜱的发育过程属不完全变态，要经过卵、幼虫、若虫、成虫四个阶段。根据发育过程中吸血方式的不同，又将其分为三类，一宿主蜱、二宿主蜱和三宿主蜱（图 5-63）。

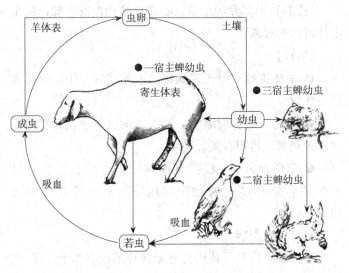

图 5-63 硬蜱更换宿主类型①

①成蜱在吸血过程中交配，雌蜱饱血后从羊身上脱落，在地上产卵，产卵后雌蜱死亡。虫卵在土壤内经 2～3 周或 1 个月以上孵化成幼虫。幼虫侵袭宿主，在动物身上吸血，饱血后蜕化为若虫，若虫较幼虫大。若虫再吸血，蜕化后即发育为成虫，完成整个发育阶段。

▶ 流行特点

我国硬蜱的分布随各地的气候、地理、地貌等自然条件而异，分布于深山草坡、丘陵地带、森林、草原及农区的家畜圈舍。一般成蜱在石块下或地面的缝隙内越冬。羊被蜱侵袭，多发生于放牧采食过程中。寄生部位主要在被毛短少的部位，特别是常密集于羊的耳壳内外侧、口周围和头面部。硬蜱吸饱血后落地蜕化或产卵。硬蜱的活动具有明显的季节性，在西北地区主要为夏、秋季节。

▶ 症状与病变

硬蜱在寄虫部位吸血时能机械地损伤皮肤，造成寄生部位痛痒，使羊烦躁不安，摩擦或啃咬，脱毛，引起化脓性皮炎。当大量虫体寄生时，可导致羊贫血、消瘦、发育不良，皮毛质量下降。硬蜱是许多传染病和寄生虫病的传播媒介，能传播病毒、细菌和原虫等，如炭疽、布鲁氏菌病、泰勒虫病等。

▶ 诊断与防治

【诊断】根据发病季节、临床症状和在寄生部位检出虫体可作出诊断。

【治疗】

● **羊体灭蜱**：可人工捕捉，杀死成蜱。用伊维菌素皮下注射。

● **圈舍灭蜱**：对墙壁、地面、饲槽等小孔和缝隙先撒杀蜱药剂，再用石灰乳粉刷。

● **自然界灭蜱**：根据具体情况进行轮牧，改变蜱生长的自然环境，如翻耕牧地等。有条件时可消灭成蜱。

3. 羊锌缺乏症

羊锌缺乏症是羊体内锌元素含量不足引起生长缓慢、皮肤角化不全和繁殖机能紊乱的一种营养缺乏病。

发病原因

➢ 饲料中锌元素含量不足，导致羊摄入的锌量不能维持机体正常的生理功能，而引起本病发生。

➢饲料中钙、镉、铜、铁、铬、钼、锰、磷、碘和植物酸等配合比例不当，干扰锌元素的吸收和利用，引起锌缺乏症。

症状与病变

病羊表现为毛脱落，皮肤增厚，产生皱纹，生长缓慢，流涎，跗关节肿胀，在蹄和眼睛周围有开放性皮肤损伤，甚至蹄壳脱落。公羊羔的睾丸发育障碍。

诊断与防治

【诊断】根据临床症状和血清锌水平[①]降低可以作出诊断。

【预防】每吨饲料加碳酸锌或硫酸锌180克，同时补饲含不饱和脂肪酸的油类，具有良好的预防作用。

【治疗】饲料中补加0.02%的碳酸锌，或每天注射每千克体重2～4毫克的锌制剂，连续注射10天，有良好治疗效果；每天口服0.4克硫酸锌，或每周注射0.2克硫酸锌，也有良好的疗效。

① 绵羊体内正常血清锌含量为12～18微摩尔/升，锌缺乏时可降至2.8微摩尔/升。

三、跛行

跛行常见于关节炎、蹄叶炎、骨折、骨骼肌炎和神经损伤等疾病过程。引起羊跛行的常见疾病如下：

主要表现为跛行症状的羊病 { ● 营养代谢病：佝偻病

其他伴有跛行症状的羊病 {
● 细菌性疾病：布鲁氏菌病
● 病毒性疾病：口蹄疫、蓝舌病、山羊病毒性关节炎-脑炎
● 中毒性疾病：有机氟中毒、蛇毒中毒、亚硝酸盐中毒

①维生素 D 对机体钙和磷的正常代谢起着重要的调节作用。如果维生素 D 缺乏，动物的消化道对钙和磷的吸收减少，而随粪便和尿排出增多，结果造成体内血清中钙和磷浓度下降，钙、磷在骨中沉淀减少，造成骨骼松软、弯曲和变形，发生佝偻病。

佝偻病

羊佝偻病是由于维生素 D①缺乏，导致羔羊钙、磷代谢障碍而引起骨组织发育不良的疾病。

▶ 发病原因

➤ 饲料中维生素 D 含量不足。

➤ 维生素 D 充足但母乳及饲料中钙、磷比例不当或缺乏。

➤ 羔羊长期饲养在阴暗潮湿的羊舍内，阳光照射不足，自身维生素 D 合成减少。

➤ 长期消化不良、腹泻影响钙、磷吸收。

以上四种情况都可引起佝偻病。

▶ 症状与病变

【症状】症状轻时，病羊表现为精神沉郁、生长缓慢，发育停滞，喜卧，站立困难，行走步态摇摆，出现跛行；严重时，两前肢腕关节向外侧凸起，两后肢跗关节则向内弯曲；病程稍长则关节肿大。患病后期，长骨弯曲，四肢可以展开，躯体后部不能抬起，病羊以腕关节着地爬行，形如青蛙；多数病羊有异嗜癖，如啃食泥土、砂石、毛发和粪便等；呼吸和心跳加快，严重病例可死亡。

【病变】全身长骨明显发育不良、弯曲变形，肋骨与肋软骨相接处肿胀，出现念珠状的结节，称为佝偻珠。

▶ 诊断与防治

【诊断】根据临床症状和病变可进行诊断。

【预防】加强饲养管理。给羊饲喂含有较丰富蛋白质、维生素 D 和钙、磷的饲料，注意钙、磷配合比例；供给充足的青嫩饲料和青干草；适当补喂钙盐和各种微量元素；增加运动和日照时间。

【治疗】肌内注射维生素 AD 注射液 3 毫升，或灌服，或肌内注射含维生素 A 和维生素 D 的鱼肝油制剂 3 毫升，同时用 10% 葡萄糖酸钙注射液 5 ~ 10 毫升补充钙，连续用药，直至病好。

四、瘙痒

羊表皮病原体感染或神经功能紊乱可导致皮肤瘙痒，发生瘙搔痒时常伴有摩擦和脱毛。

主要表现为皮肤瘙痒症状的羊病{● 病毒性疾病：绵羊痒病
其他伴有皮肤瘙痒症状的羊病{● 寄生虫病：羊螨病、羊硬蜱病

绵羊痒病

绵羊痒病[①]是由痒病朊病毒引起成年绵羊和山羊的一种缓慢发展的致死性、中枢神经系统变性疾病，以运动失调、麻痹、衰弱和严重的皮肤瘙痒为主要临床症状。

▶ 病原特征

痒病朊病毒又称蛋白侵袭因子，是一种传染性蛋白质粒子，其结构存在两种不同的构象：一种是正常的PrP^C结构，它是一种未知功能的糖蛋白；另一种是有感染性的朊病毒致病蛋白 PrP^{sc}。对外界环境具有较强的抵抗力，紫外线不能使其灭活，但是对氯仿、乙醚敏感。

▶ 流行特点

不同品种、性别的绵羊和山羊均可发病，对该病的易感性随年龄增长而降低。羔羊特别是新生羔羊易感，以 2～4 岁的羊多发。该病可通过水平和垂直方式传播，其中水平传播主要通过消化道、破损的皮肤和黏膜等方式进行。该病传播缓慢，发病率 4%～30%，致死率 100%。发病无季节性。

▶ 症状与病变

自然感染的潜伏期一般为 1～5 年，病羊主要表现为精神沉郁，敏感，共济失调，驱赶呈"驴跑"姿势，反复跌倒。发病期间病羊有瘙痒症状，常啃咬或摩擦痒部，或在其他物体上摩擦，致使大片被毛脱落，皮肤红肿、

①痒病又称"瘙痒病"、"驴跑病"或慢性传染性脑炎。这种病被认为是人的克－雅氏症、格斯综合征及库鲁病，及其他动物疾病如疯牛病、传染性水貂脑病、黑尾鹿和驼鹿的慢性消耗性病、猫海绵状脑病等的原型。

发炎，皮破出血，日渐消瘦，衰竭死亡。典型病理变化为中枢神经组织变性及空泡样变化，无炎症反应。

> **诊断与防治**

主要依靠临床观察和病理组织学检查进行初步诊断。痒病持续时间比较长，可以根据病羊瘙痒、啃咬和摩擦痒部等症状及共济失调作为本病的重要特征。采用一般的隔离、消毒等预防措施效果不大。因此，预防的关键是严禁从有痒病的国家和地区引进种羊、精液及胚胎。一旦发生痒病，应立即采取扑杀、彻底烧毁、消毒等措施。

我国目前尚未发现该病，要特别注意口岸检疫及引进羊只的隔离，严防该病传入。

五、皮肤脓疱、结痂

病原体感染或机械损伤导致羊表皮形成脓疱和结痂（图 5-64），与其相关的疾病如下：

主要表现为皮肤脓疱、结痂症状的羊病 { ● 病毒性疾病：羊痘、羊传染性脓疱病

1. 羊痘

① 民间称为"羊天花"或"羊出花"。

羊痘①是由羊痘病毒引起羊的急性、热性、接触性传染病，分为绵羊痘和山羊痘。绵羊痘比较严重，呈流行

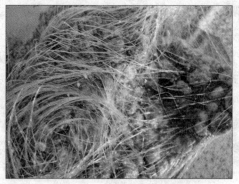

图 5-64　皮肤形成脓疱和结痂
（内蒙古农业大学病理室提供）

性，其临床特征是病羊发热，皮肤发生特殊的丘疹和疱疹，能造成巨大经济损失，被世界动物卫生组织（OIE）列为 A 类重大动物传染病。

病原特征

羊痘病毒[①]包括绵羊痘病毒和山羊痘病毒两种。绵羊痘病毒主要感染绵羊，山羊痘病毒对绵羊和山羊均有感染性。病毒大量存在于病羊的皮肤、丘疹、脓疱及痂皮内，羊鼻分泌物中也含有病毒。羊痘病毒对热、直射阳光、碱和大多数常用消毒药物均较敏感，但是该病毒耐干燥能力极强。

流行特点

羊痘主要通过呼吸道感染，病羊呼出的气体带有羊痘病毒羊痘病毒被其他羊吸入后，病毒在肺脏复制到一定数量并进入血液，通过病毒血症过程到达各组织器官复制，特别是在皮肤和黏膜等上皮组织中复制，引起相应的痘疹病变。痘疹病毒也可通过损伤的皮肤和黏膜侵入机体引起感染。例如，哺乳母羊发生痘疹时，由于乳腺皮肤常出现病变，因此羔羊在哺乳过程中可被感染。被病毒污染的饲料、垫草、用具，以及带有病毒的外寄生虫和吸血昆虫等可成为该病的传播媒介（图 5-65）。

①痘病毒为 DNA 病毒，有囊膜，卵圆形，大小为 120～200 纳米。

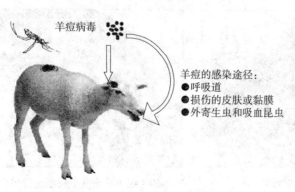

羊痘病毒

羊痘的感染途径：
● 呼吸道
● 损伤的皮肤或黏膜
● 外寄生虫和吸血昆虫

图 5-65　羊痘的感染途径示意图

> **症状与病变**

病羊体温升高到 40 ~ 42℃，精神沉郁，食欲减退，呼吸和脉搏加快，从鼻腔和口腔常有黏稠脓样分泌物流出。发病初期皮肤形成红斑，以后转变为隆起于皮肤表面的丘疹（图 5-66）。时间稍长，丘疹部位的皮肤坏死并与渗出物融合形成褐色结痂。病变多发生在无毛和少毛，如面部、四肢内侧（图 5-67）、乳房、尾内侧等。在食管、前胃（瘤胃、网胃、瓣胃）、肺脏（图 5-68）、肝脏、肾脏、脂肪等组织和器官也形成灰白色或红色的痘疹结节。病变明显的皮肤上皮细胞胞浆中常出现圆形、大小不等的嗜酸性包含体（图 5-69）。

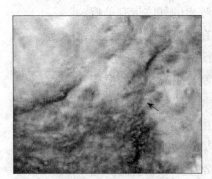

图 5-66　羊痘皮肤丘疹

图 5-67　羊痘四肢痘疹
（内蒙古农业大学病理室提供）

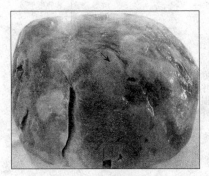

图 5-68　羊痘肺脏痘疹
（内蒙古农业大学病理室提供）

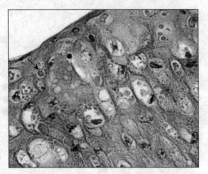

图 5-69　绵羊痘皮肤上皮细胞的包含体
（内蒙古农业大学病理室提供）

▶ 诊断与防治

【诊断】根据皮肤形成特征性的红斑、痘疹作出初步诊断，必要时结合病理组织学、血清学和病原的分离鉴定等确诊。羊痘主要通过接种疫苗预防，发病后将病羊及同群羊及时扑杀销毁，疫区封锁消毒，周围地区的羊群紧急接种羊痘疫苗。

【预防】平时加强羊只的饲养管理，对羊舍、运动场地及时进行清扫，搞好圈内卫生。一旦有疫情发生，应立即采取强有力的措施，隔离病羊对疫点和疫区进行封锁和消毒，严防疫情扩散。病死羊尸体应进行深埋处理。

【治疗】目前尚无特效治疗手段，要采取综合措施预防和控制本病。

2. 羊传染性脓疱病

羊传染性脓疱病是由羊口疮病毒引起绵羊和山羊的一种传染病①。以口、唇等部位皮肤形成丘疹、脓疱、溃疡和结痂为特征。

①又称羊口疮、传染性脓疱性皮炎。

▶ 病原特征

羊口疮病毒为痘病毒科、副痘病毒属双股 DNA 病毒，病毒微粒呈砖形。对外界具有相当强的抵抗力，对温度较为敏感。

▶ 流行特点

病羊和带毒动物为主要传染源。该病毒可感染所有品种、不同性别和不同年龄的羊，但其中以 3~6 月龄羔羊更易感，而且病死率较高。该病多发生于秋季、冬末和初春。病毒存在于病羊皮肤、脓疱和痂皮内，主要通过损伤的皮肤侵入机体，病羊的皮毛及被污染的饲料、饮水、牧地、用具等可成为传播媒介。由于该病毒对外界的抵抗力较强，故该病在羊群中可常年流行。

▶ 症状与病变

本病的潜伏期为 2~3 天，一般分为唇型、蹄型、外阴型（图 5–70，表 5–8）。

图 5–70　病羊口角、上唇红色结痂

表 5-8　各型之间区别表

分　类	病　变
唇　型	病羊口角、上唇、齿龈等处出现小红斑点，随后小红斑点发展为大的红色结节、水疱或脓疱、痂块。病情严重者脓肿互相融合，痂块不断增厚，形成褐色痂皮，突出于皮肤表面呈结节状，剥离痂皮呈"桑葚样"外观
蹄　型	在蹄叉、蹄冠或系部皮肤上形成水疱和脓疱，水疱和脓疱破裂后形成由脓液覆盖的溃疡
外阴型	此型少见，有黏液性分泌物和脓性阴道分泌物。肿胀的阴唇和附近皮肤发生溃疡，乳头、乳房的皮肤发生脓疱、烂斑和痂垢；胃肠内容物很少，心、肝、脾、肺、肾等其他器官无明显病变

▶▶诊断与防治

【诊断】本病根据临床症状（口角周围出现丘疹、脓疱、结痂及增生性桑葚状痂垢）及流行情况，不难作出诊断。要注意该病与羊痘、坏死杆菌病、溃疡性皮炎、蓝舌病、口蹄疫的鉴别诊断（表 5–9）。

【预防】不从疫区引进羊只，购买饲草饲料，引进的羊只应按规定进行检疫；发病群要立即隔离，做好污染环境的消毒；平时加强饲养管理，保护皮肤和蹄部，防止损伤。

　　【治疗】对症治疗，可先用 0.1%～0.3%高锰酸钾水、5%硼酸水清洗创面，再涂 2%紫药水、碘甘油或四环素软膏等。

表 5-9　羊传染性脓疱病与其他病的鉴别

疾病种类	病　变
羊痘	全身反应，体温升高，皮肤痘疹、界限明显，只有唇型易发生误诊，季节性流行，传染性强
坏死杆菌病	组织坏死，无水疱、脓疱过程，也无疣状增生物，可进行细菌学检查和动物接种病原检查
蓝舌病	体温升高，口腔和舌发绀、充血，有的呈蓝紫色糜烂；鼻镜瘀血，口角糜烂，唇肿胀，蹄冠瘀血、肿胀部疼痛而致跛行
溃疡性皮炎	病变表现为溃烂和组织破坏，且多发生于中羊和成年羊；化验室镜检，能检出绿脓杆菌等细菌
口蹄疫	流行快，大面积发病，可感染羊以外的其他偶蹄类动物

第六章　消化系统症状与相关疾病

目标
● 熟悉羊病的消化系统典型临床症状
● 熟悉有消化系统症状的主要羊病
● 掌握与消化系统症状相关羊病的防治措施

一、流涎

流涎多见于口炎、咽炎、某些传染性疾病和中毒性疾病。由于发生流涎的疾病不同，其性状、气味等有所差异（图6-1）。

图6-1　患病羊流涎

主要表现为流涎症状的羊病
- 病毒性疾病：口蹄疫、蓝舌病
- 普通病
  - 内科病：羊口炎、羊食管阻塞
  - 中毒性疾病：亚硝酸盐中毒、尿素中毒、食盐中毒、氨中毒

其他伴有流涎症状的羊病
- 病毒性疾病：羊痘、小反刍兽疫、羊传染性脓疱病、狂犬病
- 普通病
  - 内科病：羊咽炎
  - 中毒性疾病：有机磷中毒、氢氰酸中毒

1. 口蹄疫

口蹄疫[①]是由口蹄疫病毒引起牛、羊等偶蹄动物共患的一种急性、热性、高度接触性传染病，其临床特征是口腔、蹄部和乳房皮肤发生水疱和溃烂。人也能感染。

▶ 病原特征

口蹄疫病毒[②]（图6-2）属于小RNA病毒科、口蹄疫病毒属，病毒呈球形，直径为20～25纳米，其RNA呈单股线状。根据动物交叉保护和血清学试验分为O、A、C、SAT1、SAT2、SAT3和Asial 7个血清型，型间无交叉免疫反应。口蹄疫病毒具有较强的环境适应性，耐低温，不怕干燥。在自然条件下，病毒在污染的饲料、

①俗名"口疮"、"蹄黄"。

②病毒颗粒由"假"二十面体对称的衣壳蛋白和病毒RNA组成，不具囊膜。由L基因、P1结构蛋白基因、P2和P3非结构蛋白基因以及起始密码子和终止密码子组成，其中P1结构蛋白基因编码4种主要的衣壳蛋白，即VP1、VP2、VP3和VP4,VP1～VP3组成衣壳蛋白亚单位，VP4位于病毒颗粒内部。

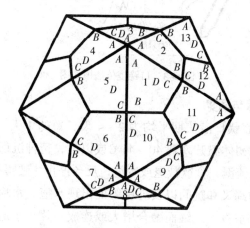

图6-2　口蹄疫病毒粒子结构示意图

牧草、皮毛以及土壤中可保持传染性数周甚至数月之久。但对紫外线、酸、碱和热比较敏感。

▶ 流行特点

　　病畜和潜伏期带毒动物是主要传染源，病毒以直接或间接的接触方式传播。主要经消化道、呼吸道以及损伤的皮肤感染（图6-3）。该病传染性很强，一旦发生往往呈流行性。空气传播是一个重要的媒介，病毒能随风传播50~100千米。新疫区发病率可达100%，老疫区发病率在50%以上。常呈现一定的季节性，如在牧区多为秋末开始，冬季加剧，春季减轻，夏季平息。

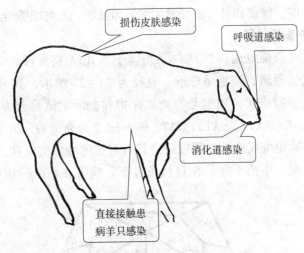

损伤皮肤感染

呼吸道感染

消化道感染

直接接触患病羊只感染

图6-3　口蹄疫传播模式图

▶ 症状与病变

　　【症状】潜伏期平均为2~4天，短的1天，长的7天。病初体温升高到40~41℃或以上，精神沉郁，肌肉震颤，流涎，食欲减退或废绝，反刍停止，硬腭和舌面、四肢的蹄叉和趾间以及乳房等处出现水疱。水疱初期为豌豆到蚕豆大，继而融合增大或连成一片，水疱中初为淡黄色透明液体，以后混浊，破溃后形成红色的烂斑。

当四肢同时患病时，经常交替负重，并常抖动后肢，运步时出现跛行，严重者长期伏卧，起立困难。绵羊蹄部变化比较明显，山羊的口腔变化明显。成年羊病死率较低，羔羊常表现为心肌炎和胃肠炎，病死率可达 20%～50%。

【病变】病羊口腔、蹄部等处出现水疱和烂斑，严重者咽喉、气管、支气管有时出现烂斑和溃疡，消化道有出血性炎症。心包膜有出血斑点（图 6-4），心肌色泽较淡、质地松软，心外膜与心内可见弥散性或斑点状出血，心肌切面有灰白色或灰黄色的斑点或条纹，称为"虎斑心"（图 6-5），心肌似煮熟状。

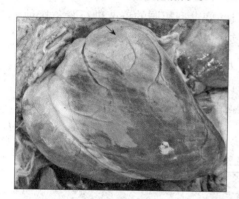

图 6-4　心外膜出血

图 6-5　虎斑心

（内蒙古农业大学病理室提供）

▶ 诊断与防治

【诊断】根据流行病学特点、临床症状、病理变化等可作出初步诊断。但在进行确诊和疫苗免疫时，必须进行病毒类型鉴定。采取病羊血清或水疱皮、水疱液（置于 50%甘油生理盐水中）送诊断部门，做琼脂扩散试验、补体结合反应、乳鼠中和试验，也可用反向间接血凝试验，进行毒型鉴定。

【防治】本病一般不允许治疗，要就地扑杀进行无害化处理，主要以预防为主。

● **平时的预防措施**：加强检疫。购入羊时，必须先检疫，禁止从疫区购入羊、羊产品、饲料、生物制品等。该病常发地区应定期用相应毒型的口蹄疫疫苗进行预防接种。

● **发病时的扑灭措施**：发生口蹄疫或疑似口蹄疫时，应立即上报疫情，进行确诊，确诊后划定并封锁疫点、疫区，扑杀患病羊，尸体焚烧或深埋。待最后一只病羊处理之后，14天内无新病例出现，经过终末大消毒后解除封锁。

● **紧急接种**：对疫区和受威胁区的健康偶蹄动物，选用与当地流行的口蹄疫毒型相同的疫苗进行紧急接种。

● **消毒**：疫点要严格消毒，用2%氢氧化钠溶液或10%生石灰水消毒。皮毛可用2%氢氧化钠溶液浸泡消毒，羊的粪便需经发酵后使用。

本病应与羊传染性脓疱病和蓝舌病相鉴别，鉴别要点见表6-1。

表6-1　口蹄疫与羊传染性脓疱病和蓝舌病的鉴别

疾病	病原	体温	年龄	传播途径	病变
口蹄疫	口蹄疫病毒	升高	全部	高度接触性	烂斑是因水疱破溃而发生
羊传染性脓疱病	口疮病毒	无明显变化	幼龄羊	损伤皮肤	口唇部出现水疱、脓疱以及疣状厚痂，病变是增生性的
蓝舌病	蓝舌病病毒	升高	全部	库蠓叮咬	出血性病理变化

2. 小反刍兽疫

小反刍兽疫是由小反刍兽疫病毒主要引起小反刍动物的一种急性接触性传染病。世界动物卫生组织（OIE）

将该病规定为必须报告的疫病，我国农业部将其列为一类动物疫病，《国家中长期动物疫病防治规划（2012—2020年）》将其列为重点防范的外来动物疫病。该病临床表现与牛瘟类似，故也称为伪牛瘟。2007年，小反刍兽疫在中国西藏首次发生；2013年年底，小反刍兽疫疫情在我国多地流行。

病原特征

小反刍兽疫病毒是副黏病毒科麻疹病毒属的成员，呈多形性，直径为130～390纳米，有囊膜，囊膜上有8～15纳米长的纤突。只有1个血清型，病毒核酸为单股负链不分节段RNA，基因进化为4个系。我国致病性毒株为Ⅳ系，编码8种蛋白。病毒对热、紫外线、干燥环境、强酸、强碱等敏感。

流行特征

自然发病动物包括绵羊、山羊、羚羊、印度水牛、单峰骆驼、中国岩羊、美国白尾鹿等，山羊比绵羊发病严重。患病动物和隐性感染动物的口、鼻分泌物通过咳嗽后排出体外，形成的飞沫被易感动物吸入引起感染。患畜的分泌物和排泄物也可以污染水源、饲料、料槽、垫料等，易感动物接触后发生感染。本病全年均可发生，但通常在多雨季节和干燥寒冷季节多发。易感羊群发病率通常达60%以上，病死率可达50%以上。在老疫区常散发，只有在易感动物增加时才可发生流行。暴发流行该病后的羊群，其再次发生和流行常有5～6年的缓和期。

症状与病变

【症状】山羊临床症状比较典型，绵羊症状一般较轻微。潜伏期多为4～6天，最长达到21天。感染羊体温升高达40～42℃，发热持续3天左右。病羊精神沉郁、拒食、被毛凌乱干燥，鼻腔有浆液性或黏稠脓性分泌物，眼分泌物增多，结膜肿胀潮红。发病初期，病羊口腔齿龈、唇部黏膜出现灰白色小面积糜烂和溃疡，以后扩展到齿垫、腭部、颊部和舌部黏膜，病灶随之扩大，口腔流涎。病羊先便秘、后严重腹泻，迅速脱水，体重下降，伴有咳嗽、胸部啰音及腹式呼吸等症状。怀孕母羊可发生流产，死亡多集中在发热后期。

【病变】患病羊口腔黏膜出现程度不同的糜烂和溃疡（图6-6A），严重者波及食管上1/3处。肺脏肿胀，呈暗红色或紫红色，质度变实，切面有黄色液体渗出（图6-6B）。皱胃黏膜常出现出血点（斑）、坏死、糜烂和溃疡病灶，结肠和直肠结合处出现特征性的线状、条带状出血，有时出血斑呈"斑马纹"样（图6-6C）。肺泡腔可见巨噬细胞、上皮样细胞和大小不一可含几个到50多个核的合胞体细胞，一些合胞体细胞胞浆和核内有嗜酸性包含体。

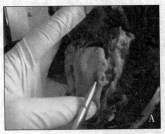
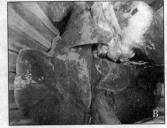

图6-6 绵羊小反刍兽疫病理变化

A. 口腔舌面黏膜溃疡；B. 肺肿胀、实变、暗红色；

C. 肠黏膜面条纹状出血

▶ 诊断与防治

【诊断】病羊出现急性发热、流涎、腹泻和呼吸困难等症状，羊群发病率、病死率均较高。该病传播迅速，如果羊有口腔黏膜糜烂、溃疡、肺炎和肠黏膜出血等病理变化，则可判定为疑似小反刍兽疫。确诊需要进行实验室检查，包括病理组织学检查（如肺泡内出现合胞体细胞及嗜酸性包含体）、病毒分离鉴定和血清学试验等。注意该病与口蹄疫、蓝舌病、羊口疮、山羊传染性胸膜肺炎、巴氏杆菌性肺炎等的鉴别诊断。

【防治】羊患此病后不允许治疗。控制该病除加强饲养管理外，主要通过疫苗免疫接种预防。我国目前使用的小反刍兽疫弱毒疫苗，对该病的防控效果较好。一旦发现疫情，应按照《小反刍兽疫防治技术规范》和《小反刍兽疫消毒技术规范》执行。

3. 蓝舌病

蓝舌病是蓝舌病病毒引起反刍动物的一种急性病毒性传染病。主要发生于绵羊，其特征是发热、白细胞减少、口鼻腔黏膜和胃肠道黏膜出现糜烂。该病是 OIE 规定的 A 类传染病之一。

▶ 病原特征

蓝舌病病毒属于呼肠孤病毒科、环状病毒属，完整的病毒粒子二十面体对称，直径 60~69 纳米。成熟病毒无囊膜，血清型较多，变异快，有 24 个血清型。蓝舌病病毒可以在干燥的感染血清或血液中长期存活长达 25 年。对乙醚、氯仿有一定抵抗力，3%福尔马林和 70%酒精可使其灭活。

▶ 流行特点

几乎大部分的反刍动物都易感，绵羊最易感，各品种、性别和年龄的绵羊均可感染发病，1~1.5 岁青年羊最易感。病畜和带毒动物是本病的主要传染源，库蠓是本病的主要传播媒介。蓝舌病流行具有区域性，有明显的季节性，夏末及初秋发病率最高。

▶ **症状与病变**

【症状】潜伏期一般为5~12天，体温升高至40.5~41.5℃，精神萎靡，食欲丧失，大量流涎。口腔黏膜、舌充血发绀，常呈蓝紫色且伴有糜烂，蓝舌病即由此得名。鼻黏膜充血，口角糜烂，唇肿胀，蹄冠充血、肿胀部疼痛致使跛行，并常因胃肠道病变而引起血痢。发病绵羊还会出现被毛断裂，甚至全部脱落，严重影响羊毛和肉品质量。本病的致死率不高。

【病变】主要是出血性变化，自然发病病例病理变化特点有口腔和舌发绀、充血、出血，硬腭黏膜、咽喉周围肌肉充血、出血。肺水肿、瘀血。心外膜有出血点，心肌色泽不匀。胃浆膜下有散状出血点，胃、小肠黏膜充血、出血，易脱落。皮肤有针尖大小出血点。

▶ **诊断与防治**

【诊断】根据本病的典型症状与病理变化可作出初步临床诊断，与其他疾病的鉴别见表6-2。根据有明显的地区性和季节性，病羊表现发热，口和唇肿胀及糜烂，发绀，跛行，蹄部皮炎可作出初步诊断。确诊应做实验室检验，进行琼脂扩散试验、补体结合反应等。

表6-2　蓝舌病与其他疾病的鉴别诊断

疾　病	区　别　要　点
蓝舌病	主要发生于绵羊，无接触传染性
口蹄疫	除绵羊外更易发生于猪、牛，口腔病变以水疱形成和黏膜糜烂为特征，一般不发展成溃疡，面部也不肿胀
绵羊传染性水疱性口炎	主要侵害幼羊，一般不出现体温反应和全身症状，只有唇部发生脓疱并结成厚痂
绵羊溃疡性皮炎	是一种通常不引起全身反应的病毒性传染病。一般只在四肢下部、公羊的阴茎部、母羊的阴户附近，有时也在唇和鼻孔附近引起溃疡，但很少蔓延到口腔内

【预防】

> 加强护理和对症治疗，尚无特效治疗药物。

> 不要从疫区购买牛、羊，对引进的牛、羊要在严格隔离的条件下进行检疫。

> 防止库蠓等吸血昆虫传播疾病，在疫区要避免在吸血昆虫活动的时间内放牧。

> 一旦发现本病，应立即封锁疫点、疫区，并报上级兽医部门进行确诊和采取扑灭措施。

4. 羊口炎

口炎是指口腔、嘴唇和口角发生炎症。

▶ 发病原因

尖硬的饲草刺伤，强酸和强碱灼伤，病原微生物感染。

▶ 症状与病变

病羊流涎、采食和咀嚼困难，采食减少或停止。口腔潮红、肿胀、有疼痛感，甚至出血、糜烂、溃疡，体质逐渐消瘦。有的病羊在口腔、上下嘴唇和口角处均出现水疱疹、脓疱、烂斑和结痂，多数病羊体温升高。

▶ 诊断与防治

【诊断】根据口腔、上下嘴唇和口角处均出现水疱疹、脓疱、烂斑或结痂等临床症状可以作出诊断。

【预防】加强饲养管理，不要饲喂尖硬的饲草。如由其他疾病引起，要采取相应的预防措施。

【治疗】

● **轻度口炎**：用0.1%高锰酸钾溶液或2%食盐水冲洗。

● **口腔发生糜烂或溃疡**：先用2%明矾溶液或2%硼酸溶液进行冲洗，再用1:9碘甘油或2%龙胆紫溶液涂抹病变部位。发病羊有全身症状时，每次肌内注射青霉素80万~160万单位和链霉素0.5克，每天2次，连用

3~5天；也可使用磺胺类药物。加强护理，喂青嫩而柔软的饲草。

● 如由其他疾病引起：要对原发病采取相应的治疗措施。

5. 羊食管阻塞

羊食管阻塞是指食物或异物突然阻塞食管，使羊不能吞咽，又称草噎。

▶ 发病原因

羊过度饥饿，吃食太急，大口吞咽，导致大块马铃薯、萝卜等块根饲料，塑料袋、地膜或未经咀嚼的干饲料等阻塞在食管内。而食管狭窄、麻痹、痉挛、异嗜癖及食管炎等疾病也可引起食管阻塞。

▶ 症状与病变

【症状】发病急，采食突然停止，头向前伸，表现吞咽动作，精神紧张，口和鼻流出白色泡沫状液体。如果阻塞发生在颈部食管，在此部位形成肿块（图6-7），可以用手触摸到；严重时，嘴可伸至地面，反刍和嗳气受阻，常继发瘤胃臌气。

图6-7　患羊食管阻塞

▶ 诊断与防治

【诊断】根据临床症状可以诊断，也可用胃管探诊和

X 线检查进行确诊。

【预防】严格遵守饲养管理制度，日粮营养要充分，避免羊过于饥饿，避免饲喂大块的块根饲料。

【治疗】

● **送入法**：当阻塞物体积不大并位于胸部食管时，可先用胃管投入 10 毫升石蜡油和 10 毫升 2%普鲁卡因来润滑解痉食管，再用胃管将阻塞物推入瘤胃。

● **取出法**：当阻塞物在颈部食管时，先注射少量阿托品以消除食管痉挛和逆蠕动。再用手沿食管向上轻轻按摩、挤压阻塞物，使其逐渐上行至咽部取出。

● **砸碎法**：阻塞物容易破碎且位于颈部，可把羊放倒在地，颈部贴地面部位垫上较软的物体，用拳头或木槌用力迅速打击，击碎阻塞物，使其自动进入瘤胃。

● **应激法**：用一碗冷水猛然倒入羊耳内，使羊突然受惊，肌肉发生收缩，可能将阻塞物咽下。

如果发生严重瘤胃臌气时，可施行瘤胃放气术，以防窒息。

6. 亚硝酸盐中毒

> **发病原因**

羊吃入大量的富含硝酸盐的青绿饲料，青绿蔬菜和幼嫩植物中含有大量的硝酸盐，吃入后易引起中毒；吃入富含亚硝酸盐的青绿饲料，青绿饲料加工和调制方法不当，腐烂或堆放发热可形成大量亚硝酸盐，易引起羊中毒；饮用含有大量硝酸盐的水，非常肥沃的土壤渗出的井水，施过硝酸盐肥料的稻田水，圈舍、厕所和垃圾堆附近的水源常含有大量的硝酸盐，过量或长期饮用可引起羊中毒。

> **症状与病变**

急性中毒：羊采食后 0.5～4 小时内突然发病，表现精神沉郁、流涎、呼吸困难、腹泻、肌肉震颤、步态不稳或呆立不动。可视黏膜前期苍白、后期发绀，耳、鼻、四肢以及全身发凉，体温降到常温以下，口吐白沫，倒地痉挛，四肢划动，常于发病后 12~24 小时内死亡。有的病例无任何症状突然倒地死亡。

慢性中毒：病羊腹泻，跛行，甲状腺肿大，母羊流产、受胎率低等。

诊断与防治

【诊断】根据饲喂情况、临床症状可进行诊断。经毒物分析可确诊。

【预防】

➤ 青绿饲料的加工、调制方法按标准进行，并贮存好，防止发生腐烂或堆放发热产生硝酸盐类物质。

➤ 控制硝酸盐类肥料的应用，尤其是接近收割的青饲料不要再施硝酸盐肥料。

➤ 对怀疑食入含硝酸盐饲料的羊群，可在饲料中加入充足的碳水化合物，同时每千克饲料加金霉素 3 毫克，以减少亚硝酸盐的形成。

【治疗】

➤ 1%美蓝溶液（美蓝 1 克，纯酒精 10 毫升，生理盐水 90 毫升），每千克体重 0.1~0.2 毫升，静脉注射，必要时 2 小时后再用药 1 次；或用 0.5%甲苯胺蓝液，每千克体重 0.5 毫升，静脉注射或肌内注射。同时用 5%维生素C 溶液 10~20 毫升，静脉注射。

➤ 对症疗法。促进排泄，用泻剂加速消化道内容物的排出，减少亚硝酸盐及其他毒物的吸收；强心，10%安钠咖溶液 10 毫升肌内注射。

7. 尿素中毒

发病原因

日粮中尿素和铵盐①（亚硫酸铵、硫酸铵、磷酸氢二铵）添加超量或混合不均而引起羊中毒，或羊误食尿素、

①反刍动物瘤胃内的微生物可将尿素或铵盐中的非蛋白氮转化为蛋白质。人们在日粮中加尿素和铵盐来饲喂羊以补充蛋白质。

铵盐等含氮化学肥料而引起中毒。绵羊尿素的口服致死量为 8 克。

症状与病变

【症状】

● **尿素中毒**：发病急，中毒羊表现不安、肌肉颤抖、呻吟、步态不稳、卧地等症状，同时反复发生强直性痉挛、眼球颤动、呼吸困难、脉搏快而弱。严重时，羊口流泡沫状液体，腹胀、腹痛，反刍及瘤胃蠕动停止；最后，瞳孔放大，肛门松弛，窒息而死。

● **铵盐中毒**：中毒羊流涎、呻吟，口腔黏膜红肿、坏死、脱落和糜烂；咽喉肿胀，呼吸和吞咽困难，腹胀。中毒后期机体衰弱无力，步态不稳，全身颤抖，体温下降，最终昏迷而死亡。

【病变】尸体迅速变暗，心外膜有小出血点，其他脏器有不同程度的出血点或出血斑；胃肠充血、出血、坏死、糜烂和溃疡，胃肠内容物干燥并带有氨味。

诊断与防治

【诊断】根据有采食尿素等含氮化肥的情况、临床症状和剖检变化可进行初步诊断。通过测定血液中氨的含量①进行确诊。

【预防】加强饲养管理，严格按规定补饲尿素和铵盐的量，并与饲料混合均匀。在开始时少喂，经 10 ~ 15 天逐渐达到标准规定量。在补饲尿素和铵盐时，不能混于饮水中补喂。保管好含氮化肥，防止羊误食。

【治疗】

● **穿刺放气**：对臌气严重的羊施行瘤胃穿刺术放气。

● **控制尿素分解，中和瘤胃中的氨**：给羊灌服 1%醋酸 200 毫升，糖 100 ~ 200 克加水 300 毫升；或灌服0.5%的食用醋、稀盐酸或乳酸 200 ~ 300 毫升；也可灌服酸奶 500 ~ 750 克；以上三种方法均有良好的疗效。同时，可

① 在一般情况下，当血氨达 8.4 ~ 13 毫升 / 升时，羊出现典型临床症状；达 50 毫升 / 升时，引起羊死亡。

静脉注射硫代硫酸钠促进解毒。

● **铵盐中毒时：**应加服黏浆剂或油类，混合大量清水灌服，保护胃肠。

8. 食盐中毒

▶ **发病原因**

日粮中食盐浓度过高或限制饮水，导致食入的大量食盐不能及时从肾脏和肠道排出，引起中毒①。治疗疾病时氯化钠溶液输入过多也可能引起中毒。

▶ **症状与病变**

【症状】中毒羊口渴，食欲和反刍减弱或停止，兴奋不安，磨牙，肌肉震颤，盲目行走和转圈运动；随病情发展而出现行走困难，后肢拖地，倒地痉挛，头后仰，四肢不断划动（图6-8）。常伴发瘤胃臌气、腹痛、腹泻，有时便血。急性中毒病羊口流大量泡沫，呼吸困难，结膜发绀，瞳孔散大或失明，最后昏迷、窒息而死②。

图6-8　中毒羊头后仰，四肢不断划动

【病变】肝脏肿大，质度脆软；心内外膜及心肌有出血点；胃肠充血、出血和部分黏膜脱落；肾肿大、呈紫红色，皮质和髓质界限模糊；全身淋巴结有程度不同的肿胀、呈红色；出现嗜酸性粒细胞性脑炎。

▶ **诊断与防治**

【诊断】根据羊食入大量食盐，临床症状及病理变

①羊维持正常的生理活动每天需0.5～1克食盐。中等个体的羊食盐的中毒量为每千克体重3～6克，中毒致死量为每千克体重150～300克。

②食盐中毒：剧烈刺激消化道黏膜，引起下泻，发生脱水现象；血液浓缩，导致血液循环障碍，造成脑水肿、组织缺氧，中枢神经系统发生兴奋与麻痹。

化，可进行初步诊断。确诊需要结合实验室测定血液、肝脏和胃肠内容物中氯化钠的含量，如果显著增高，可确诊为食盐中毒。

【预防】日粮中补食盐要适度，并充分混匀；治病时应掌握好高渗盐水的注射量，防止发生中毒；平时采取自由饮水。

【治疗】

➤ 立即停喂含食盐过多的饲料，让羊自由饮水。

➤ 中毒初期，口服黏浆剂及油类泻剂 100～500 毫升促进排泄，并进行催吐；同时少量、多次地给羊喝白糖水，但不要任羊暴饮。

➤ 静脉注射 10%氯化钙或 10%葡萄糖酸钙，皮下或肌内注射维生素 B_1，加强心肌收缩力。

➤ 口服溴化钾 5～10 克，双氢克尿噻 50 毫升，抑制肾小管对钠离子和氯离子的重吸收作用。

➤ 如发生胃肠炎时，内服鞣酸和鞣酸蛋白来保护胃肠；静脉补充 5%葡萄糖溶液，以缓解脱水。

9. 氨中毒

➤ **发病原因**

饲草氨化不当、喂羊前没有及时散氨或饲喂不当可引起羊氨中毒。环境中的氨气含量过多，也可导致氨中毒的发生。

➤ **症状与病变**

病羊口流带有大量泡沫的液体，呼吸急促或气喘，食欲降低或无食欲，反刍减少或停止，精神沉郁，行走不稳。严重时病羊咩叫，全身肌肉震颤，运动失调，伴有前肢麻痹和瘤胃膨气等症状，最终倒地抽搐、窒息而死。

➤ **诊断与防治**

【诊断】根据有饲喂氨化饲草情况，环境氨气的浓度，结合临床症状可进行诊断。

【预防】掌握好饲草氨化时间。将尿素、碳酸氢铵完全溶解于水后均匀地喷洒于饲草上，便于氨与饲草混合均匀；发酵成熟后，开封散氨，晴天 10 小时以上，阴雨天 24 小时以上。未断奶的羔羊不能饲喂氨化饲草。舍饲时，要加强圈舍的通风。

【治疗】停喂氨化饲草；用 20 ~ 40 毫升谷氨酸钠与 200 ~ 400 毫升 10% 葡萄糖注射液混匀后静脉滴注；同时，用 100 ~ 200 毫升食醋加 5 ~ 8 倍的水给羊灌服。如果病程长，可根据情况肌内注射广谱抗生素类药物，防止继发感染。症状缓解后，给羊灌服健胃药，以恢复羊的瘤胃功能。

二、 吞咽困难（吞咽障碍）

食管阻塞、食管麻痹、咽炎等疾病可致羊吞咽困难，同时伴发其他相关症状。

主要表现为吞咽困难症状的羊病 { ● 内科病：羊咽炎

● 病毒性疾病：狂犬病
其他伴有吞咽困难症状的羊病 { ● 普通病 { ● 内科病：羊脑膜脑炎、羊食管阻塞
● 中毒性疾病：尿素中毒、硒中毒

羊咽炎
羊咽炎是咽部、软腭、扁桃体及其深层组织炎症的总称，又称咽峡炎或扁桃体炎。

▶ 发病原因
羊受寒感冒，热水、氨水或酸碱损伤咽部引起；机体防御能力降低，链球菌、巴氏杆菌等条件致病菌感染引起；继发于重症口炎、食管炎、喉炎等疾病。

▶ 症状与病变

病羊头颈伸展，呼吸和吞咽困难，流涎，呕吐，严重时从羊鼻孔流出混有食糜、唾液和炎性产物的污秽鼻液。咽部触诊时，病羊表现为疼痛不安并发出疼痛性咳嗽。蜂窝织性[①]和格鲁布性咽炎[②]伴有明显发热等全身症状。慢性咽炎病程长，触及咽部时疼痛症状轻。

▶ 诊断与防治

【诊断】根据羊流鼻液、流涎和咽部疼痛等症状可进行诊断。

【预防】加强饲养管理，预防羊受寒、感冒，避免羊误食酸、碱等刺激性物质，保质保量地进行相关疫病的疫苗免疫。

【治疗】

● 发病初期：咽部先冷敷、后热敷，每天 2～4 次，每次 20～30 分钟；也可用樟脑酒精、鱼石脂软膏或止痛消炎膏涂布。

● 重症咽炎：用 10%水杨酸钠溶液 10～20 毫升静脉注射，同时用青霉素 80 万～160 万单位肌内注射，每天 2 次，连用 3～5 天；也可用 0.25%普鲁卡因溶液和青霉素 40 万～80 万单位进行咽部封闭，效果好。

● 慢性咽炎：局部应用鲁格氏液涂布，配合磺胺制剂或其他抗生素治疗。

三、反刍减少或停止

多种疾病可引起羊反刍减少或停止，如急性传染病、瘤胃疾病、代谢性和中毒性疾病。

羊瘤胃积食

羊瘤胃积食是指羊吃入的大量饲料滞留在瘤胃内不

①蜂窝织性咽炎：咽部黏膜下和肌间疏松结缔组织的一种弥漫性、化脓性炎症。

②格鲁布性咽炎：一般由病毒感染引起，咽部黏膜出现灰白色或黄白色局灶性或弥漫性的干酪样的纤维素性膜性渗出物，使咽喉变窄，呼吸困难。

主要表现为反刍减少或停止症状的羊病 { ● 内科病：羊瘤胃积食
　　　　　　　　　　　　　　　　● 细菌性疾病：羊肠毒血症、
　　　　　　　　　　　　　　　　　羊链球菌病
　　　　　　　　　　　　　　　　● 病毒性疾病：口蹄疫

其他伴有反刍减少或停止症状的羊病 {
　　　　　　　　　　　　　　　　　　　● 内科病：羊食管
　　　　　　　　　　　　　　　　　　　　阻塞、羊急性瘤
　　　　　　　　　　　　　　　　　　　　胃臌气
　　　　　　　　　　　　　　　　　　　● 营养代谢病：
　　　　　　　　　　　　　　　　　　　　异嗜癖、羊酮
　　　　　　　　　● 普通病 {　　　　尿病
　　　　　　　　　　　　　　　　　　　● 中毒性疾病：
　　　　　　　　　　　　　　　　　　　　瘤胃酸中毒、有
　　　　　　　　　　　　　　　　　　　　机氟中毒、食盐
　　　　　　　　　　　　　　　　　　　　中毒、氨中毒

能排出，使瘤胃体积增大、变实，引起严重消化不良的一种疾病，又称急性瘤胃扩张或瘤胃阻塞。

▶ 发病原因

羊饲草料食入过量，吃了不易消化的、粗硬易膨胀的稿秆、枯老硬草，长期采食干料而饮水不足，缺乏运动，吃了过量的谷物饲料①等都可能引起本病。前胃弛缓、瓣胃阻塞、创伤性网胃炎、腹膜炎、真胃炎和真胃阻塞等可继发瘤胃积食。

▶ 症状与病变

羊采食后数小时出现精神不振，食欲、反刍和嗳气减少或停止，排泄物稍干而硬。腹围增大，有腹痛症状，后蹄踢腹部，头向左后弯，摇尾并回头看腹部。卧下又起来，拱背，运动时发出叫声。听诊时，瘤胃蠕动音减弱或消失；触诊瘤胃时，羊因疼痛而常躲闪，瘤胃胀满，内容物呈面团状或硬实。后期，瘤胃中食物腐败发酵，导致酸中毒和胃炎，病羊精神极度沉郁，呼吸加快，结膜发绀，四肢颤抖、无力，卧地不起，呈昏迷状态，最后死亡。

①吃入大量的谷物饲料，易引起羊瘤胃酸中毒，瘤胃酸中毒也属于瘤胃积食。

诊断与防治

【诊断】根据采食过多和临床症状可作出诊断。

【预防】加强饲养管理，按时喂食，避免羊贪食与暴食；粗硬的饲草、饲料经过彻底加工后再饲喂；保证充足的饮水，平时加强运动。

【治疗】

● **禁食**：停止喂食 1～2 天，自由饮水，多运动；同时按摩瘤胃部，以刺激其蠕动。

● **药物治疗**：

(1) 缓泻　口服 300～500 毫升石蜡油，1～2 次 / 天，促进排便。

(2) 止酵　用酒石酸锑钾 0.5～0.8 克，酒精 5 毫升，溶于 100 毫升水中灌服，每天 1 次；或用 10%浓盐水 60 毫升静脉注射；或用促反刍注射液 200 毫升静脉注射，来恢复瘤胃活动。

(3) 纠正酸中毒　5%碳酸氢钠 100 毫升，加 5%葡萄糖 200 毫升，一次静脉滴注；或用 11.2%乳酸钠30 毫升，静脉注射。

(4) 强心　当病羊心衰时，可用 4～6 毫升 10%樟脑磺酸钠或 0.5%樟脑水，一次皮下或肌内注射。

(5) 护理　加强护理，停喂草料，给羊喝温盐水。羊开始反刍后，可喂少量易于消化的干草、青草，逐步增量；反刍正常后，恢复正常饲喂。

四、腹胀（腹围增大）

指因瘤胃内气体或食物过量而引起的腹围增大，一般也称腹胀（图 6-9）。

1. 羊歧腔吸虫病

羊歧腔吸虫病是由歧腔科、歧腔属的矛形歧腔吸虫

主要表现为腹胀症状的羊病
- 寄生虫病：羊歧腔吸虫病
- 普通病
  - 内科病：羊急性瘤胃臌气（气胀）
  - 营养代谢病：羊食毛症
  - 中毒性疾病：瘤胃酸中毒

其他伴有腹胀症状的羊病
- 细菌性传染病：羊快疫
- 普通病
  - 内科病：羔羊消化不良、羊瘤胃积食
  - 中毒性疾病：氢氰酸中毒、尿素中毒

图 6-9　患羊腹胀（腹围增大）

和中华歧腔吸虫寄生于羊的肝脏胆管和胆囊内引起的寄生虫病，主要导致羊胆管炎和肝硬变等病理变化。

▶ 病原特征

矛形歧腔吸虫虫体扁平呈矛形，新鲜虫体呈棕红色、透明，固定后呈灰白色，表面光滑，体长 5 ~ 15 毫米，宽 1.5 ~ 2.5 毫米（图 6-10）。口吸盘后紧随有咽，腹吸盘大于口吸盘。睾丸 2 个，生殖孔开口于肠分叉处。卵巢圆形。虫卵呈卵圆形、褐色，长 35 ~ 45 微米，宽 30 ~ 33 微米，有卵盖。中华歧腔吸虫形态基本与矛形歧腔吸虫相似

（图 6-11），但虫体较宽扁，其前方体部呈头锥状，口吸盘和腹吸盘大小近于相等，睾丸 2 个。虫卵与矛形歧腔吸虫卵相似，长 45~51 微米，宽 30~33 微米（图 6-12）。

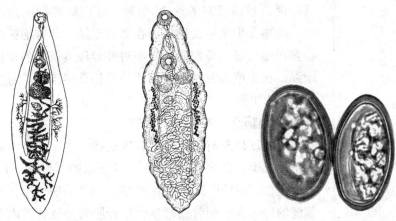

图 6-10　矛形歧腔吸虫　　图 6-11　中华歧腔吸虫　　图 6-12　中华歧腔吸虫虫卵

生活史

歧腔吸虫在其发育过程中需两个中间宿主，第一中间宿主为陆地螺，第二中间宿主为蚂蚁（图 6-13）。

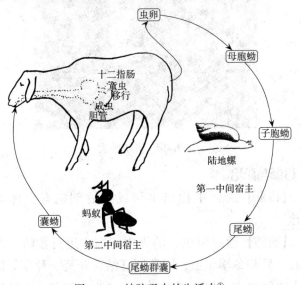

图 6-13　歧腔吸虫的生活史[①]

①成熟的虫卵随终末宿主粪便排出体外，被第一中间宿主吞食后，在其体内孵出毛蚴，进而发育为母胞蚴、子胞蚴和尾蚴。尾蚴在螺的呼吸腔形成尾蚴群囊，排出体外，被第二中间宿主吞食，尾蚴在其体内形成囊蚴。羊采食了含囊蚴的蚂蚁，囊蚴在羊的肠内脱囊，由十二指肠经总胆管到达肝脏胆管内寄生，需 72~85 天发育为成虫，成虫可在羊体内存活 6 年以上。

▶ **流行特点**

本病的分布几乎遍及世界各地，多呈地方性流行。在我国主要分布于东北、华北及西北地区。宿主动物极其广泛，目前已知的达 70 余种。在温暖潮湿的内陆地区，动物几乎全年发病；而在寒冷干燥的北方地区，动物多在冬、春季节发病。虫卵对外界环境条件的抵抗力较强，在土壤和粪便中可存活数月仍具感染性。对低温的抵抗力更强。

▶ **症状与病变**

羊轻度感染时无明显的临床症状。严重感染时表现为精神沉郁、食欲不振、黄疸、颌下水肿、腹胀、下痢，可致死亡。剖检可见肝肿大（图6-14），被膜增厚，不同程度的肝硬变。胆管壁增生，切开胆管，见管腔内有虫体和胆汁。

图 6-14　肝脏肿大

▶ **诊断与防治**

【诊断】粪便中检出虫卵或死后剖检有虫体即可确诊。

【预防】通过驱虫、消灭中间宿主进行预防。在每年的秋后和冬季驱虫；因地制宜结合开荒、种草等措施消灭中间宿主；加强饲养管理，减少在潮湿和低洼的草地放牧。

【治疗】常用驱虫与治疗药物见表6-3。

表6-3 常用驱虫与治疗药物

药 物	剂 量	使用方法
吡喹酮	每千克体重50～70毫克	一次性口服
丙硫咪唑	每千克体重30～40毫克	一次性口服

2.羊急性瘤胃臌气

羊急性瘤胃臌气，俗称胀死病，是指羊瘤胃内易发酵的内容物发酵迅速产生大量气体，导致瘤胃体积迅速膨胀、最终使羊窒息而死的疾病。

▶ 发病原因

羊吃了大量容易发酵的饲草或饲料，如开花以前的车轴草、苜蓿及其他豆科植物；初春时，在青草茂盛的牧场放牧；夏季清晨（特别是雨后清晨）放牧时，羊吃了露水未干或雨后的青草；吃过量发霉腐败的马铃薯、胡萝卜、甘薯和冰冻饲料都容易引发本病。瘤胃臌气还可继发于前胃弛缓、食管阻塞、腹膜炎等疾病。

▶ 症状与病变

【症状】

● **急性瘤胃臌气**：病程常在1小时左右，羊采食后不久发病，腹部迅速胀大，左腹部最为明显，皮肤紧张、有弹性，叩诊呈敲鼓音。病羊站立不动，拱背，不安，头常弯向腹部，反刍和嗳气停止，食欲废绝，呼吸困难，张口伸舌，表现非常痛苦。严重时，病羊可视黏膜呈紫红色，脉搏快而弱，嗳气或食物反流，直肠脱出。最后，病羊站立不稳，倒卧在地，痉挛而死（图6-15）。

● **慢性瘤胃臌气**：多见于继发急性瘤胃臌气，呈间歇性反复发作，瘤胃臌胀较轻，经治疗能暂时消除。

图 6-15　病羊腹部严重胀大

【病变】病死羊腹部膨大，瘤胃胀大，胃壁紧张，有时可见瘤胃或横膈膜破裂，胃内有大量气体或泡沫状物质；肺瘀血，肝、脾、肾等腹腔器官颜色变淡，含血量少。

▶ **诊断与防治**

【诊断】根据饲喂情况、临床症状和病理变化可进行诊断。

【预防】夏季清晨雨后或露水未干以前不要放牧；春初放牧时，每日应限定时间，在茂盛的苜蓿地放牧时不能超过 20 分钟，第一次放牧时间不能超过 10 分钟，以后逐渐增加；采食青嫩的豆科牧草以前，应先喂些富含纤维质的干草；不要喂给霉烂、容易发酵的饲料；放牧人员应掌握简单的治疗方法，放牧时随身携带木棒、套管针（或大注射器针头、小刀）和药物，以备急用。

【治疗】

● **轻度臌气**：喂 25 克左右食盐颗粒或灌服植物油 100 毫升，也可以用酒、醋各 50 毫升，加温水适量灌服。

● **严重臌气**：把羊的前腿提起，放在高处，口内放入树枝或木棒，使口张开，有规律地按压左肋腹部，以排除胃内气体；灌服氧化镁，小羊用 4 ~ 6 克，大羊为 8 ~ 12 克；从口中插入橡皮管，放出气体，从此管灌入植物油或石蜡油 60 ~ 90 毫升。臌气非常严重时，应迅速施行瘤胃穿刺术。

3. 食毛症

羊食毛症是指羊吃自己或其他羊被毛的现象。

▶ **发病原因**

饲料中含硫量不足，使机体内含硫氨基酸缺乏，引起食毛症。本病在舍饲情况下易发生，秋末、初春季节发病率高且哺乳羔羊易发病[①]。

▶ **症状与病变**

【症状】发病羊常互相啃食被毛，使被毛脱落，引起局部或全身缺毛。羊发生消化不良或便秘，不排粪，腹痛、腹胀，机体消瘦和贫血，最后因心脏衰竭而死亡。

【病变】主要病变是在胃和肠道内有大小不等的毛球（图6-16），有的阻塞胃的幽门和肠道。

▶ **诊断与防治**

【诊断】根据羊互相啃食被毛、被毛脱落，局部或全身缺毛等临床症状可作出诊断。

【预防】加强饲养管理，饲料的营养成分要均衡，保证含硫氨基酸充足。

图6-16　从病羊肠道内取出的毛球

【治疗】隔离病羊，饲喂营养全面的饲料，并添加含硫氨基酸和无机盐；给羔羊补喂鸡蛋等动物性蛋白质，可有效控制羔羊继续食毛；对便秘和消化不良的羊用石蜡油或人工盐清理胃肠，并适当注射强心剂。

4. 瘤胃酸中毒

瘤胃酸中毒又称乳酸酸中毒、急性碳水化合物过食、谷物过食、消化性酸中毒或过食豆谷综合征。

▶ **发病原因**

羊吃入过量的富含碳水化合物的精料[②]或者突然增加

①成年羊可利用瘤胃微生物的作用合成含硫氨基酸，而羔羊不能合成，只能从母乳和饲料中摄取，因此当硫缺乏时，羔羊食毛症明显。

②常见的富含碳水化合物的精料：谷物（包括玉米、小麦、大麦、高粱、燕麦、水稻等）、花生、豆类和豆制品等。

精料饲喂量。

> **症状与病变**

【症状】急性病例常在食入大量精料后4~6小时内死亡，而一般病例4~8小时发病。病羊精神沉郁，反应迟钝，无食欲，反刍停止，体温正常或升高；腹部显著膨大，发生瘤胃臌气，右侧卧，站立困难；病程稍长病羊眼球下陷，瞳孔散大，严重脱水，呼吸增快，发出呻吟声。后期出现神经症状，步态不稳，卧地不起，头颈侧弯或后仰呈角弓反张，最后昏迷而死亡（图6-17）。

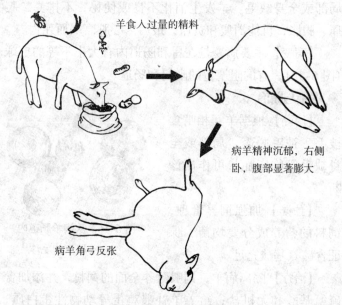

羊食入过量的精料

病羊精神沉郁，右侧卧，腹部显著膨大

病羊角弓反张

图6-17 羊瘤胃酸中毒

【病变】瘤胃内充满呈稀软粥状的精料，有酸臭味。严重时瘤胃内黏膜脱落，有出血斑或出血点区。皱胃出血。心肌柔软，心脏扩张。病程长时，肝脏出现坏死灶。

> **诊断与防治**

【诊断】根据有过量食入谷物、豆类等精料的病史，以及临床症状和剖检变化可进行诊断。也可抽取瘤胃液，测定 pH[①]在 4 左右为瘤胃酸中毒。

【预防】控制羊对谷物、豆类等精料的摄入量，玉米粉等谷物饲料的饲喂量每只羊每天不超过 1 千克，并分两次喂给；育肥羊或泌乳羊饲喂精料要少量多次；保管好精料，避免羊偷吃。对食入过多精料还没发病的羊，可在采食后 4~6 小时内灌服土霉素 0.3~0.4 克或青霉素 50 万单位，可抑制产酸菌，有一定的预防效果。

【治疗】

● **重症病例**：穿刺放气，用穿刺针或大针头进行瘤胃穿刺，缓慢间断放出瘤胃内的气体。排出胃内容物：①瘤胃冲洗疗法：用内直径 1 厘米的胃管经口腔插入胃内，排出瘤胃内容物，并用稀释后的石灰水 1~2 升反复冲洗，直至胃液呈近中性为止，最后再灌入稀释后的石灰水 0.5~1 升。这种疗法操作方便，疗效好。②瘤胃切开术疗法：当瘤胃内容物很多，胃导管不能排出时，采用瘤胃切开术，排出内容物。此方法要求条件高，不易操作。③纠正酸中毒和补充液体：可颈静脉滴注 500 毫升 5%葡萄糖生理盐水、200 毫升 5%碳酸氢钠溶液和 5 毫升 10%安钠咖的混合液，30 分钟内输完。补液量应根据脱水程度而定，必要时一日补液多次。

● **轻症病例**：口服氢氧化镁 100 克或稀释的石灰水 1~2 升，并适当补液。也可适当肌内注射广谱抗生素消炎和控制继发感染。

五、腹泻

腹泻是指排粪次数明显超过平日习惯的频率，粪质稀薄，水分增加，含未消化食物或脓血、黏液等相关症状的疾病（图 6-18）。

[①] pH 是溶液酸碱程度的衡量标准。通常情况下，pH 是介于 0 和 14 之间的数，当 pH<7 的时候，溶液呈酸性；当 pH>7 的时候，溶液呈碱性；当 pH=7 的时候，溶液呈中性。

主要表现为腹泻症状的羊病
- 细菌性疾病：羔羊痢疾
- 病毒性疾病：裂谷热
- 寄生虫病：羊球虫病、羊毛尾线虫病、羊泰勒虫病
- 普通病
  - 内科病：羔羊消化不良、羊胃肠炎
  - 中毒性疾病：亚硝酸盐中毒

其他伴有腹泻症状的羊病
- 细菌性疾病：羊副结核病
- 病毒性疾病：小反刍兽疫
- 寄生虫病：羊前后盘吸虫病、羊食道口线虫病、羊仰口线虫病、羊夏伯特线虫病、羊莫尼茨绦虫病
- 普通病
  - 营养代谢病：羊维生素 B 族缺乏症、异嗜癖、绵羊碘缺乏症
  - 中毒性疾病：有机磷中毒、食盐中毒、铅中毒

图 6-18　患病羊腹泻（腹泻、下痢）

1. 羔羊痢疾

羔羊痢疾是由 B 型魏氏梭菌引起初生羔羊的一种急性传染病。发病羔羊剧烈腹泻，常使羔羊大批死亡。

▶ **病原特征**

病原为 B 型魏氏梭菌，其特征类似 C 型魏氏梭菌。

▶ **流行特点**

该病原菌存在于土壤、污水、饲料及粪便中。羔羊

吮吸被污染的母羊乳头时，或在人工补奶环节乳汁和用具被污染及饮用被粪便污染的饮水时，病原菌进入羔羊的消化道，使羔羊感染。母羊孕期营养不良、气候恶劣、环境差等可成为发病的诱因。发病一般为7日龄以内的羔羊，2~3日龄内羔羊发病最多，7日龄以上羔羊很少发病。

▶ 症状与病变

【症状】病羔出现持续性腹泻，粪便恶臭，为糊状、水样，其中可含有气泡、黏液或血液。病程一般为2~3天。随下痢的持续，病羔脱水、营养不良，最后衰竭死亡。

【病变】胃和肠充血变红，有时见出血点，病程较长的羔羊可能有溃疡。胃内有未消化的凝乳块。肠内容物稀软，呈灰白色或灰黄色，甚至为灰红色，有时其中混杂气泡。肠系膜淋巴结肿胀。心包积液，心内膜有时有出血点。

▶ 诊断与防治

【诊断】根据流行情况、临床症状、病理变化可作出初步诊断。

【防治】抓好怀孕母羊膘情，注意给初生羔羊保温，给羔羊及时哺喂初乳，做好羊舍环境消毒，对病羔及早隔离治疗。

2. 羊球虫病

羊球虫病是由各种球虫寄生于羊肠道内引起的原虫类寄生虫病，是羊的重要消化道疾病之一，对羔羊的危害较为严重。

▶ 病原特征

全世界报道的羊球虫有15种，其中主要包括阿氏艾美耳球虫、柯氏艾美耳球虫、山羊艾美耳球虫、错乱艾美耳球虫、雅氏艾美耳球虫、提鲁帕艾美耳球虫。卵囊大多为卵圆形、黄褐色，多数有卵膜孔和极帽。卵囊的大小差异很大（图6-19、图6-20）。

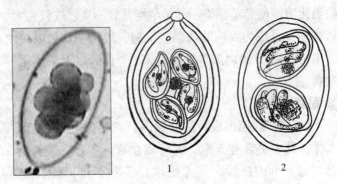

图6-19 球虫卵囊

图6-20
1. 艾美耳属球虫卵囊 2. 等孢属球虫卵囊

▶ 生活史

羊球虫的发育属直接发育，不需中间宿主，发育需经过三个阶段（图6-21）。

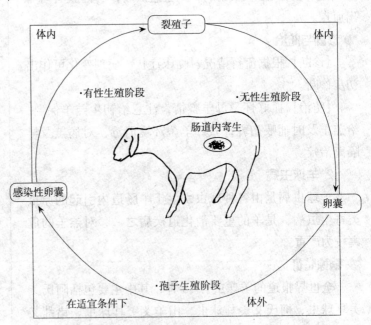

图6-21 球虫生活史

● **无性生殖阶段**①：当羊吞食了含有感染性的卵囊后，子孢子在肠道内逸出，进入寄生部位的上皮细胞内进行裂殖产生裂殖子。

● **有性生殖阶段**②：裂殖子发育到一定阶段时由配子生殖形成大、小配子体，大小配子结合形成卵囊，然后排出体外。

● **孢子生殖阶段**③：排至体外的卵囊在适宜的条件下，进行孢子生殖，形成孢子化的卵囊，只有孢子化的卵囊才具有感染性。卵囊对外界环境的抵抗力特别强，在温暖潮湿的环境中，更易发育为具有感染性的卵囊。

流行特症

各种品种的羊对球虫均有易感性，羔羊极易感染，甚至发生死亡。1～3月龄的羔羊感染率和发病率最高，成年羊一般都是带虫者。流行季节多为春、夏、秋三季，多雨和潮湿的季节有利于本病的发生。

症状与病变

【症状】羊病初粪便变软，表现为被毛凌乱、精神沉郁、食欲减退或废绝。随着病程发展，病羊出现下痢，粪便混有血液、味腥臭。可视黏膜苍白。体温有时升至40～41℃。

【病变】尸体消瘦、苍白。小肠病变明显，肠上有淡白色圆形或卵圆形结节，十二指肠和回肠有卡他性炎及点状或带状出血。肠道内粪便恶臭。

诊断与防治

【诊断】根据临床表现、流行病学特征及病理变化情况可作出初步诊断。结合粪便检查，发现大量球虫卵囊，即可确诊。

【预防】流行地区应采取隔离和预防性治疗等综合防治措施。成年和羔羊隔离饲养管理。圈舍和用具用热碱水（3%氢氧化钠）消毒，经常保持圈舍及周围环境的卫生、通风。粪便进行堆积生物热消毒。每年流行严重的

①在其寄生部位的上皮细胞内以裂殖生殖法进行。

②以配子生殖法形成雌性配子，即大配子；雄性配子，即小配子。大配子和小配子结合形成合子，这一阶段也是在宿主的上皮细胞内进行的。

③指合子变为卵囊后，在卵囊内发育形成孢子囊和子孢子、含有成熟的子孢子的卵囊称为感染性卵囊。裂殖生殖和配子生殖在宿主体内进行，称内生性发育；孢子生殖是在外界环境完成，称外生性发育。

地区应用抗球虫药物预防性给药。

【治疗】本病常用药物见表6-4。

表6-4　球虫病常用治疗药物

药　物	剂　量	使用方法
氨丙啉	每千克体重20～25毫克	口服，连续用药4～5天
磺胺氯吡嗪	每千克体重120毫克	口服，连续用药3～5天

3. 毛尾线虫病（鞭虫病）

羊毛尾线虫病是由羊毛尾线虫寄生于羊大肠（主要是盲肠）引起的寄生虫病，主要为害羔羊，严重感染时引起死亡。

▶ **病原特征**

羊毛尾线虫虫体呈乳白色，整个外形像鞭子，前部细、像鞭梢，后部粗、像鞭杆，故又称鞭虫。雄虫长50～80毫米，后部弯曲，有一根交合刺，包藏在有刺的交合刺鞘内；雌虫长35～70毫米，后端直而钝圆，阴门位于粗细部交界处。虫卵呈棕黄色、腰鼓形，卵壳厚，两端有卵塞，长70～80微米，宽30～40微米（图6-22、图6-23）。

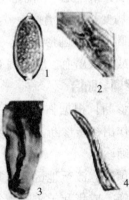

图6-22　毛尾线虫形态　　图6-23　羊毛尾线虫

　　　　　　　　　　　　　1.虫卵　2.生殖孔　3.尾部　4.头部

▶ 生活史

生活史见图 6-24。

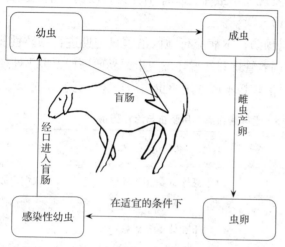

图 6-24 毛尾线虫生活史流程图①

▶ 流行特征

羊毛尾线虫病在全国各地均有报道，羊一年四季均可感染，夏季感染率最高。羊毛尾线虫虫卵壳厚，对外界环境的抵抗力较强，感染性虫卵在土壤中可存活 5 年。

▶ 症状与病变

病羊轻度感染时无明显临床症状；严重感染时，病羊消瘦、贫血、腹泻，有时粪便带血。尸体剖检变化为盲肠易脱落，有溃疡灶或弥漫性出血，肠内可见大量的虫体（图 6-25）。

图 6-25 肠壁可见虫体

①羊毛尾线虫雌虫产卵后，虫卵随粪便排出体外，在适宜的条件下，发育为壳内含第 1 期幼虫的感染性虫卵。羊在采食了含有感染性虫卵的饲草后，幼虫从卵内逸出，移行到盲肠，吸附到肠黏膜上，经 12 周发育为成虫。

➤ 诊断与防治

【诊断】 根据临床表现可初步怀疑本病。结合粪便检查发现大量虫卵，尸体剖检见盲肠内大量的虫体，即可确诊。

【预防】 本病流行地区给羊只定期进行预防性驱虫，加强饲养管理和注意环境卫生，粪便进行无害化处理。

【治疗】 本病常用驱虫与治疗药物见表6-5。

表6-5　毛尾线虫病常用驱虫与治疗药物

药　物	剂　量	使用方法
羟嘧啶	每千克体重5～10毫克	一次性口服
丙硫咪唑	每千克体重15毫克	一次性口服
伊维菌素	每千克体重5毫克	一次性皮下注射
左旋咪唑	每千克体重3毫克	一次性口服

4. 羊泰勒虫病

羊泰勒虫病是由羊泰勒虫寄生于羊引起的一种蜱传性疾病，主要包括山羊泰勒虫和绵羊泰勒虫。前者的致病性强，病死率高。在我国羊泰勒虫病的主要病原为山羊泰勒虫。

➤ 病原特征

泰勒虫属于孢子虫纲、梨形虫亚纲、梨形虫目、泰勒科。环形虫体呈戒指状，位于环形边缘的一端，着色为红色，原生质为淡蓝色，大小为0.6～1.5微米。山羊泰勒虫呈多形性，主要包括圆环形、椭圆形、杆状、逗点形、钉子形、圆点形等，以圆形虫体最为常见。圆点形虫体内无原生质，着色为蓝色（图6-26）。

➤ 生活史

羊泰勒虫生活史分三个阶段，即裂殖生殖、配子生殖及孢子生殖。裂殖生殖在动物体内进行，子孢子进入

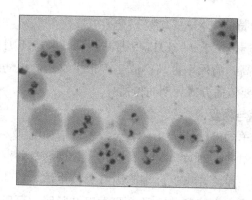

图6-26　血涂片中红细胞表面羊泰勒虫虫体

体内后，侵入淋巴细胞、巨噬细胞内，形成柯赫氏体①，反复多次分裂后进入红细胞形成配子体。蜱叮咬动物吸血，配子体进入蜱肠管内，发育为配子，配子融合形成合子。动合子进入蜱体内在唾液腺细胞内进行孢子生殖，形成更多的动合子，反复进行孢子生殖，形成许多形态的子孢子。蜱叮咬动物时子孢子进入动物体内，发生感染（图6-27）。

①裂殖生殖的裂殖体出现于脾、淋巴结等处的淋巴细胞内，或游离于细胞外，称柯赫氏体。

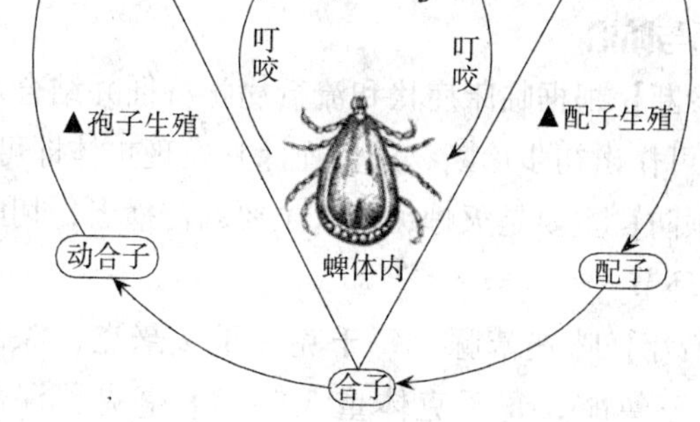

图6-27　羊泰勒虫的生活史图解

① 幼蜱吸食了含有泰勒虫的血液，可以传播给它的下一发育阶段若蜱或成蜱，后者在吸血时，即可将泰勒虫传给哺乳动物。

流行特征

本病多发于 4～6 月，5 月达到高峰。1～6 月龄羔羊发病率高，病死率也高；成年羊很少发病。该病经蜱传播。主要传播方式为期间传播①。

病状与病变

病羊的潜伏期为 4～12 天，表现精神沉郁，食欲减退，体温升高到 40～42℃，腹泻，粪便恶臭并混有黏液或血液，血涂片可见红细胞内有大量虫体。尸体剖检变化为消瘦，血液稀薄，肠系膜淋巴结肿胀，肝脏、脾脏肿大，肾脏表面有结节和小点出血，胃有溃疡斑，肠有小的出血点（图 6-28）。

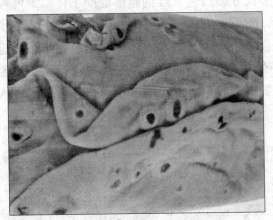

图 6-28　患病羊胃多处溃疡

诊断与防治

【诊断】根据临床症状和流行病学特征并结合尸体剖检变化可作出初步诊断，进行血涂片发现虫体即可确诊。

【预防】主要是灭蜱，消灭主要的传播者，切断中间的关键环节。

【治疗】咪唑苯脲，每千克体重 2 毫克，深部肌内注射；三氯醚，每千克体重 3.5～3.8 毫克，深部肌内注射。

5. 羔羊消化不良

羔羊消化不良是发生于哺乳期初生羔羊的一种具有群发性而不具有传染性的疾病。

▶ 发病原因

● **单纯性消化不良**：在妊娠期特别是在妊娠后期，母羊饲料中营养物质供应不足，导致产后母乳质量低下和胎儿生长发育不良；羔羊吃初乳过晚；人工哺乳不定时、不定量和不定温，代乳品配制不当，哺乳期补饲不当；羊舍寒冷、潮湿、卫生不良，消毒不严格。

● **中毒性消化不良**：单纯性消化不良治疗不当或治疗不及时，导致肠内容物发酵、腐败，产生的毒性物质或肠道内外源病原微生物毒素被机体吸收，而引起机体自体中毒。

▶ 症状与病变

● **单纯性消化不良**：发病羊食欲降低或废绝，喜卧，体温正常或稍低。发病初期腹泻轻微，后期腹胀、腹痛、腹泻加重。粪便呈灰黄色或灰绿色①的粥状或水样，其中混有气泡和黄白色的凝乳块，气味酸臭。呼吸加快，逐渐消瘦，皮肤弹性降低，眼球塌陷，全身颤动。继发胃肠炎时，病情恶化，体温可升高至40℃以上。

● **中毒性消化不良**：发病羔羊精神极度沉郁，食欲废绝，极度衰弱，卧地不起，头颈后仰（图6-29），全身震颤或痉挛。严重腹泻，粪便中常混有黏液和血液，气

①粪便中的胆红质在酸性粪便中变为胆绿质，因此粪便呈绿色。

图6-29　发病羔羊神经症状

味恶臭。眼球塌陷，呼吸快而弱。前期体温升高，后期下降，四肢末梢及耳冰凉，最后昏迷、死亡。

▶ 诊断与防治

【诊断】根据饲养管理和临床症状可作出诊断，但应注意与羊副伤寒、羔羊痢疾等传染性腹泻疾病相区别。

【预防】保证母羊饲料中营养物质充足而全面；及时喂给羔羊初乳，人工喂乳要定时、定量和定温，保证乳的质量，早补草料；定期进行羊舍环境和工器具消毒，保持羊舍干燥通风。

【治疗】

● **隔离病羊和消毒圈舍**：将发病羔羊隔离于温暖干燥处，禁食8～12小时，只喂给与体温相近的生理盐水、葡萄糖水或畜禽口服电解质溶液，每天3～4次。

● **排出胃肠内容物**：灌服油类或盐类缓泻剂（石蜡油30～50毫升）以排出胃肠内容物，再用温水灌肠。

● **促进消化**：一次性灌服人工胃液①10～30毫升，或用胃蛋白酶、胰酶、淀粉酶各0.5克，加水一次性灌服，每天1次，连用数天。

重症病例在用上述方法治疗的同时，可选用磺胺类药物或抗生素药物灌服或肌内注射，以防继发细菌感染。

长期消化不良腹泻的病羊可用输血治疗，取母羊血液30～50毫升输给羔羊。

6. 胃肠炎

胃肠炎是指胃和肠表层及其深层组织的炎症过程。主要表现为浆液性胃肠炎、出血性胃肠炎、化脓性胃肠炎和纤维素性胃肠炎。羔羊和老龄体弱的羊易发本病。

▶ 发病原因

● **原发性胃肠炎**：采食大量冰冻或发霉的草料、过食精料或仔山羊离乳期间突然饲喂浓厚粗硬精饲料、饲料突然变换、饲料中含有毒植物、圈舍湿冷和营养不良

①人工胃液：胃蛋白酶10克、稀盐酸5毫升，加水1 000毫升混匀。

以及长途车船运输等情况导致羊免疫力下降，使胃肠道内条件致病菌[1]毒力增强，产生毒素，引起胃肠炎。

● **继发性胃肠炎**：多见于副结核、出血性败血症、羊钩虫病等传染病。

症状与病变

【症状】病羊精神沉郁，吃食减少或不吃食，口腔干燥发臭，舌面覆有黄白苔。常腹痛、腹泻，粪便腥臭，常呈粥样或水样，其中混有黏液、血液和脱落的组织，有时也混有脓液。发病初期，肠音增强，以后逐渐减弱或消失。呼吸加快，眼结膜呈蓝紫色。后期肛门松弛，排粪失禁，眼球凹陷，皮肤弹性降低，尿量减少，体温下降，四肢变冷，昏迷甚至死亡。呈慢性肠炎时，病羊食欲时好时坏，采食量逐渐减少，出现异嗜癖，常喜欢舔羊舍墙壁或泥土。

【病变】胃肠有点状或斑状出血，肠内容物常混有血液，气味恶臭。有的病羊在肠表面覆盖有局灶性或弥漫性麸皮样的灰白色、黄白色或黄绿色的膜样纤维素性坏死物，有的质度较硬，剥离坏死物后出现溃疡。

诊断与防治

【诊断】根据临床症状、剖检变化并结合病史可进行诊断。传染病引起的胃肠炎可通过实验室检查进行确诊。

【预防】做好饲养管理，不饲喂霉败饲料，防止食入有毒物质和有刺激性、腐蚀性的化学物质；防止各种应激因素。定期检查羊群，对疾病做到早发现、早治疗。

【治疗】

● **清理胃肠**：用大黄末 10～15 克、硫酸钠 30～40 克，加入适量水调和后一次性灌服。可用硅碳银 6～8 克、鞣酸蛋白 3～4 克，加适量水调和后一次性灌服，以

[1]条件致病菌是指寄生在体内的大肠杆菌、沙门氏菌等细菌，在机体抵抗力降低时，细菌大量繁殖并产生大量毒素，同时造成组织器官的损伤，引起动物发病。

保护病羊胃肠道并阻止毒素被再吸收。

● **抗菌消炎**：可用磺胺脒 4~6 克、小苏打 3~5 克，一次口服，每天 2 次；对体温升高的病例，可用硫酸庆大霉素按每千克体重 2~3 毫克，一次性肌内注射，每天 2~3 次。

● **补液**：病羊脱水和酸中毒时，可用 300~500 毫升 5% 葡萄糖生理盐水、60~80 毫升 5% 碳酸氢钠、2~4 毫升 10% 安钠咖和 6~8 毫升 5% 维生素 C，混合后一次性静脉注射，每天 1~2 次。

● **继发性胃肠炎**：根据传染病的不同采取相应治疗措施。

7. 氢氰酸中毒

氢氰酸中毒是羊食入含有氰苷的植物或误食氰化物而引起的中毒性疾病[①]。

采食含氰苷的植物，如高粱苗、玉米苗、马铃薯幼苗、亚麻叶以及桃树、李树、杏树和枇杷树的叶子等；误食被氰化物农药污染的饲草或水。

▶ **症状与病变**

【症状】发病初期羊兴奋不安、流涎、咳嗽、呕吐、腹胀、腹痛和腹泻；随病情发展，病羊出现精神沉郁，心跳和呼吸快而弱；后期呼吸困难，眼结膜鲜红，全身衰弱，行走摇摆，瞳孔散大，最后因心力衰竭，倒地抽搐而死。最急性中毒羊突然惨叫后倒地死亡。

【病变】尸僵不全[②]，血液呈鲜红色，凝固不良。口腔内有血泡沫，喉头、气管和支气管有出血点，肺脏充血、水肿和出血，心内、外膜有出血点，胃肠充血和出血。

▶ **诊断与防治**

【诊断】根据羊有食入含氰苷植物或氰化物污染的饲料或饮水的情况，结合临床症状和剖检变化可初步诊断，

①氰苷或氰化物在胃内经酶水解和胃酸的作用，产生游离的毒性物质——氢氰酸引起中毒。

②尸僵：动物死后 1~6 小时开始肌肉收缩，关节不能伸屈，使尸体固定于一定的姿势的现象。尸僵先从头部开始，10~24 小时尸体完全僵硬，24~48 小时尸僵逐渐消失。

尸僵不全：动物死亡后尸体不完全僵硬。

通过对饲料和胃内容物做氢氰酸检查进一步确诊。

【预防】禁止羊吃含氰苷的植物，不在生长含氰苷植物的地方放牧。在必须饲喂含有氰苷的植物时，应经过彻底水浸或发酵后再少量多次饲喂。严格保存氰化物农药，防止污染饲料和饮水。

【治疗】按每千克体重 6～10 毫克剂量静脉注射 3%亚硝酸钠溶液（特效解毒药），再按每千克体重 1～2 毫升剂量静脉注射 5%硫代硫酸钠溶液，有良好的治疗效果。

六、　呕吐

呕吐是胃内容物反入食管，经口吐出的一种反射动作。呕吐可将咽入胃内的有害物质吐出，是机体的一种防御反射，有一定的保护作用。但呕吐频繁而剧烈时，可引起机体脱水、电解质紊乱等并发症。

主要表现为呕吐症状的羊病 $\left\{\begin{array}{l}\end{array}\right.$ ● 中毒性疾病：有机磷中毒

其他伴有呕吐症状的羊病 $\left\{\begin{array}{l}\end{array}\right.$ ● 病毒性疾病：裂谷热
普通病 $\left\{\begin{array}{l}\end{array}\right.$ ● 内科病：羊咽炎
● 中毒性疾病：氢氰酸中毒

有机磷中毒

▶ 发病原因

吃了喷洒有机磷农药[①]不久的牧草、农作物或蔬菜，误食拌过有机磷农药的种子，舔食了没有洗净的有机磷农药用具和喝了被有机磷农药污染的水均可引起中毒。常用的有机磷农药有：1059、1605、4049、敌百虫、敌敌畏和乐果等。

▶ 症状与病变

【症状】中毒较轻时，羊食欲不振，四肢无力，流涎；中毒较重时，羊呼吸困难，呕吐，肠音加强，腹泻，腹痛不安，肌肉颤动，四肢麻痹，瞳孔缩小，视力减退；

①有机磷农药可通过消化道、呼吸道及皮肤进入体内，有机磷与胆碱酯酶结合生成磷酰化胆碱酯酶，失去水解乙酰胆碱的作用，致使体内乙酰胆碱蓄积，呈现出胆碱能神经的过度兴奋症状。

最严重时，口吐大量白沫，呼吸、心跳加快，体温升高，排粪、排尿失禁，可视黏膜发紫。常表现明显的神经症状，如兴奋不安，冲撞蹦跳，抽搐，全身震颤，逐渐步态不稳，血压降低，最终昏迷、窒息死亡。

【病变】胃肠因充血和出血而呈红色或暗红色，胃内容物有大蒜臭味。病程较长的羊其他内脏器官可出现出血点。

诊断与防治

【诊断】根据临床症状、尸体剖检变化和与有机磷农药接触史可初步诊断，同时结合毒物分析进行确诊。

【预防】严格农药保管、操作和使用制度，防止人为投毒；在喷过有机磷农药 7 天以内的田地或牧场内不准割草或放牧；拌过农药的种子不得喂羊。

【治疗】

● 清除毒物：经口染毒者，用 0.2% ~ 0.5% 高锰酸钾（1605 中毒时禁用）或 2% ~ 3% 碳酸氢钠（敌百虫中毒时禁用）洗胃，随后用硫酸镁或硫酸钠 30 ~ 40 克，加适量水一次灌服，可清除胃内毒物。

● 解毒：解磷定和阿托品注射液同时应用。

（1）解磷定　按每千克体重 10 ~ 45 毫克，溶于适量 5% 葡萄糖溶液或 5% 葡萄糖生理盐水溶液中，静脉注射。半小时后如不好转，可再注射一次，直到症状缓解。

（2）阿托品　皮下注射 1% 阿托品注射液 1 ~ 2 毫升，中毒严重羊可适当加大剂量，第一次注射后隔 2 小时再注射一次。中毒症状缓解之后，不要过早停止使用阿托品，最低限度维持量不能少于 72 小时，防止复发。

● 对症治疗：呼吸困难的病羊注射氯化钙来兴奋呼吸，心脏及呼吸衰弱时注射 10% ~ 20% 安钠咖强心，肌肉痉挛时可应用水合氯醛或硫酸镁等镇静剂。

七、腹痛

腹痛是由于各种原因引起的腹腔内外脏器的病变，表现为腹部的疼痛。病因极为复杂，包括炎症、肿瘤、出血、梗阻、穿孔、创伤及功能障碍等。

主要表现为腹痛症状的羊病 ● 内科病：肠变位

● 病毒性疾病：裂谷热

● 细菌性疾病：羊肠毒血症、羊快疫

● 寄生虫病：羊无卵黄腺绦虫病

其他伴有腹痛症状的羊病 ● 普通病

● 内科病：羊瘤胃积食、羔羊消化不良、胃肠炎、尿结石

● 营养代谢病：羊食毛症

● 中毒性疾病：有机磷中毒、食盐中毒、氢氰酸中毒、尿素中毒、铅中毒、硒中毒

肠变位

肠变位是由于某段肠管离开原来位置而使肠腔闭塞和肠壁血液循环障碍，引起剧烈腹痛的疾病。

▶ 发病原因

➤ 剧烈运动、猛烈跳跃或过分用力排粪，使肠内压增高、肠管突然剧烈移动而引起肠变位。

➤ 长时间饥饿后突然大量进食，特别是食入大量刺激性饲料时，易引起前段肠管急剧向后蠕动而套入后段肠腔内发生肠套叠。

➤ 寒冷刺激，食入腐败、发霉或刺激性过强的饲料，使肠道受到强烈的刺激，导致肠管异常蠕动而引起肠变位。

➤ 剪毛（尤其是机械剪毛）时，动作粗暴、过猛或不合理乱翻乱滚羊只，羊卧地时间过长，引起胃肠臌气，易引起肠扭转。

➤ 肠痉挛、肠臌气、肠炎等疾病也可引起肠变位。

▶ 症状

羊突然发病，精神不安，腹痛、回头看腹部，伸腰或扭腰，时起时卧，或呈犬坐姿势，后肢踢腹，前肢下跪或后肢弯曲；发病初期排粪次数增多，后期排粪停止；肠音增强；体温一般正常，如并发肠炎时体温可明显升高；呼吸和心跳都明显加快；发病后期，症状加重，病羊急起急卧，胃肠蠕动消失，严重臌气，精神沉郁，结膜苍白，食欲废绝，拱腰呆立或卧地不起，步态不稳，体温降低；病程可由数小时到数天，重症有时 3～4 小时死亡。

▶ 常见的病理形式

● **肠套叠**：肠管的某一部分进入另一部分管腔内的现象，多发生于小肠部分（图 6-30）。

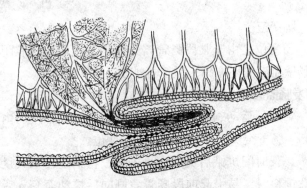

图 6-30　肠套叠模式图

● **肠扭转**：肠管沿自身的纵轴或以肠系膜基部为轴发生扭转而引起肠腔闭塞的现象，多发生于空肠。本病多发生于剪毛后，部分地方又称"剪毛病"（图 6-31）。

● **肠缠结**：某一段肠管以其他段肠管、韧带、肠系膜基部为轴心进行缠绕而引起肠管闭塞的现象，多发生于空肠（图 6-32）。

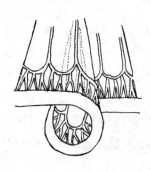

图 6-31　肠扭转模式图

● **肠嵌闭**：一段肠管及其肠系膜坠入腹腔天然孔（脐孔、腹股沟环等）或病理孔（膈肌、肠系膜、大网膜破裂口等）的现象，又称疝气（图 6-33）。

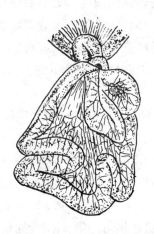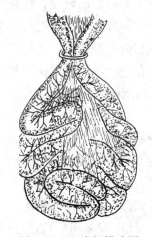

图 6-32　肠缠结模式图　　图 6-33　肠嵌闭模式图

手术治疗

● **术前准备**：准备消毒好的常规手术器械、麻醉剂（水合氯醛和 0.25% 普鲁卡因）、脱毛剂、青霉素等。

● **羊的保定**：将羊前后肢分别绑在一起，使左侧向下放倒，由二人固定，并使羊内服水合氯醛 8～10 克，使羊睡眠。

● 术部处理：

（1）脱毛　尽可能将右肷部的毛剪短，在该部涂脱毛剂，脱光术部羊毛。

（2）术部消毒　用3%来苏儿和70%酒精对术部进行清洗消毒。

● 术部切开：用0.25%普鲁卡因对术部进行矩形局部麻醉后，用手术刀切长15厘米左右的切口。根据肠变位的具体类型实施整复手术：

（1）肠套叠　切开双层大网膜后手伸入腹腔找到患病肠管并轻轻引出。套叠轻者，用手指轻轻分离内、外鞘间的粘连，应用逆行挤压的方法把叠入部肠管挤出，稍停片刻，见肠壁转呈桃红色，肠系膜动脉恢复搏动，证实套叠肠已恢复，即可将肠管回纳腹腔。如套叠部位肠管呈暗紫色，有腐烂趋势，必须手术切除套叠部肠管和相应的肠系膜，并用灭菌肠线进行肠管断端缝合，然后在缝合部位涂以磺胺软膏，以防发生粘连和炎症。最后将肠轻轻回纳原位。

（2）肠扭转　左手伸入腹腔后触及扭转肠呈坚实感、肠系膜呈条索样，把扭转肠与肠系膜一起引出腹腔。扭转不足200°或病程短且病变轻微的，只需仔细分离粘连部，逆向整复扭转部即可。360°以上肠扭转，大多需进行切除，方法同肠套叠。

（3）肠嵌闭　其处理和肠扭转相同，解除后闭合疝孔。

● 术部缝合：术部缝合后用脱脂棉和纱布包扎伤口。

● 术部护理：按腹腔手术常规进行，喂温水和流食，第2～3天，用抗生素消炎。第3天可以开始喂青草，但不能多喂蛋白饲料。

第七章　呼吸系统症状与相关疾病

目标
- 熟悉羊病的呼吸系统典型临床症状
- 熟悉出现呼吸系统临床症状的主要羊病
- 掌握出现呼吸系统临床症状的主要羊病的防治措施

一、流鼻液

从患病羊鼻孔流出的鼻液可以是白色泡沫状的，也可能是灰白色浆液性或黏液性的，还可能是黄色黏稠或脓性的，有时可能混有食糜、唾液和炎性产物（图7-1）。

图7-1　患病羊流黏稠鼻液

主要表现为流鼻液症状的羊病
- 细菌性疾病：羊巴氏杆菌病
- 病毒性疾病：绵羊肺腺瘤病
- 寄生虫病：羊狂蝇蛆病
- 普通病：羊感冒

其他伴有流鼻液症状的羊病
- 细菌性疾病：羊链球菌病
- 病毒性疾病：羊痘、裂谷热、小反刍兽疫
- 寄生虫病：羊肺线虫病
- 普通病：羊咽炎、羊食管阻塞、羊支气管炎、吸入性肺炎、硒中毒

1. 羊巴氏杆菌病

该病是由巴氏杆菌引起羊的一种传染病。主要以急性败血症和肺炎为特征。

▶ 病原特征

巴氏杆菌是两端钝圆的短杆菌，不形成芽孢，也无运动性，革兰氏染色阴性，瑞氏染色、姬姆萨染色两端着色深（图7-2）。

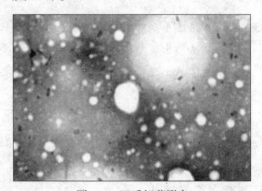

图7-2 巴氏杆菌形态

▶ 流行特点

病羊和带菌羊是主要传染源，尤其从病羊呼吸道排出的鼻液等分泌物中含有病原菌，在健康羊的呼吸道内也可存在巴氏杆菌。主要经呼吸道感染，有时经消化道、损伤的皮肤和黏膜感染。该病多发于羔羊，成年羊在环境不良、气候突变、长途运输等应激时也可发病。绵羊多发，山羊少发。发病的季节性不明显，常呈地方性流行。

▶ 症状与病变

【症状】羔羊常突然发病，急性死亡。病程较长时，表现为虚弱、寒战、呼吸困难、精神沉郁、拒绝采食，体温升高到40℃以上，鼻孔中流出血样或脓性分泌物。眼结膜潮红，有时在颈部、胸下部发生水肿。病程慢性时，病羊食欲减退，消瘦，咳嗽，呼吸困难，粪便稀软、恶臭。

【病变】皮下水肿、出血；心包腔、胸腔内有淡黄色渗出液；气管和支气管黏膜充血、出血(图7-3)，肺肿大、实变，呈纤维素性肺炎（图7-4）；肠道黏膜及腹膜见出血点或出血斑；脾脏不肿大，肝脏有时出现小坏死灶。

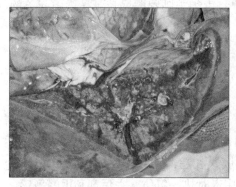

图7-3 部分肺组织切面呈暗红色，实变，呈肝样

图7-4 肺胸膜增厚，表面见丝网状灰白色纤维素，肺组织暗红色，实变如肝

➤ 症状与病变

【诊断】根据流行特征、临床症状和病理变化，可作出初步诊断。确诊需要进行实验室检查，瑞氏染色在肺脏内可见大量的巴氏杆菌（图7-5、图7-6）。

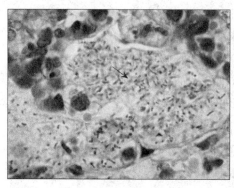
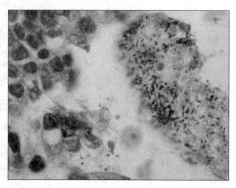

图7-5 肺脏内可见巴氏杆菌（瑞氏染色）

图7-6 肺脏内可见巴氏杆菌（瑞氏染色）

【预防】通过加强饲养管理，如避免羊群拥挤和羊只受寒，定期对圈舍进行消毒，出现病羊及时隔离。有本病发生的羊群要用疫苗免疫接种。

【治疗】对病羊可用恩诺沙星、庆大霉素、新霉素以及磺胺类等抗菌药治疗。

2.绵羊肺腺瘤病

绵羊肺腺瘤病[1]是由绵羊肺腺瘤反转录病毒引起羊的一种慢性、进行性、接触传染性的肺脏肿瘤性疾病。其主要临床表现是患羊咳嗽、呼吸困难、虚弱、消瘦、流出大量浆液性鼻液。本病是世界动物卫生组织（OIE）确定的B类传染病。

▶ **病原特征**

绵羊肺腺瘤病毒属反转录病毒科、D型反转录病毒属，呈球形，有囊膜，在超薄切片中，病毒粒子平均直径约为107纳米。病毒对热、氯仿、去污剂和甲醛敏感。

▶ **流行特点**

可经接触、飞沫传播，但本病也可经人工感染诱发。各种品种的绵羊均可感染，但以美利奴羊或其他改良羊最易感，一般只感染绵羊，偶尔也见于山羊，感染无性别的特异性。流行有季节性，一般冬季后期和早春是流行高峰期。

▶ **症状与病变**

【症状】自然感染绵羊肺腺瘤病的潜伏期较长，患病羊以进行性衰弱、消瘦和呼吸困难为主要症状。病初，病羊行动缓慢，驱赶时有明显的呼吸困难症状，由此，也称为驱羊病。后期听诊有湿啰音，"小推车试验"有大量泡沫状、稀薄液体从鼻孔流出（图7-7）。此症状具有一定的参考诊断意义。

【病变】主要在肺脏，肺部实变，回缩不良，体积变大，重量增加，可肿大到正常的3倍以上。肿瘤病灶多

① 又称绵羊肺癌，目前除澳大利亚、新西兰和冰岛外，几乎所有的养羊业发达的国家和地区都有该病的发生和流行。

发于肺的尖叶、心叶和膈叶的下部，呈灰白色或浅紫色结节（图7-8至图7-10）。

图7-7　病羊低头时从鼻孔流出浆液性的液体
（呼和浩特市大青山野生动物园郑秉武提供）

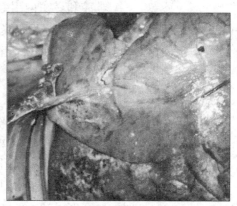

图7-8　病羊肺组织与胸壁粘连
（呼和浩特市大青山野生动物园郑秉武提供）

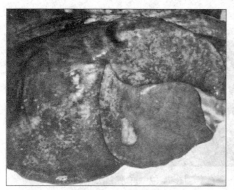

图7-9　病羊肺脏表面的白色肿瘤结节
（呼和浩特市大青山野生动物园郑秉武提供）

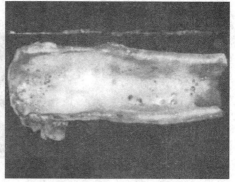

图7-10　病死羊气管内有大量白色泡沫状液体
（呼和浩特市大青山野生动物园郑秉武提供）

诊断与防治

【诊断】绵羊肺腺瘤病可通过"小推车试验"等临床症状及病理剖检等作出初步诊断，但特定的生物学确诊是必要的。

【防治】目前，对仍无防治本病的疫苗，控制本病的有效措施是发现可疑病羊立即屠宰，进行淘汰。

3.羊狂蝇蛆病

羊狂蝇蛆病是由狂蝇科的羊鼻蝇的幼虫，寄生于羊的鼻腔和鼻窦内引起的一种慢性疾病，又称"羊鼻蝇病"。主要引起慢性鼻炎及鼻窦炎，主要临床特征是流鼻液和不安。本病在我国西北、华北、内蒙古等地危害严重，主要为害绵羊，山羊受害较轻。给养羊业造成很大的损失。

▶ 病原特征

羊狂蝇成虫体长 10~12 毫米，淡灰色，形状似蜜蜂，全身覆盖绒毛。头大、呈黄色，触角短，有两个小的复眼，口器退化，翅透明，全身淡灰色。第一期幼虫呈淡黄色，长约 1 毫米，体表长满小刺；第二期幼虫为椭圆形，长 20~25 毫米，只有腹部有小刺；第三期幼虫呈棕褐色，长 30 毫米，虫体分节，腹面扁平有小刺（图7-11、图7-12）。

图 7-11 羊狂蝇

1.羊狂蝇成虫 2.羊狂蝇第三期幼虫

图 7-12 羊狂蝇幼虫形态

▶ 生活史

羊狂蝇成虫多在每年的春季到秋季出现，尤以夏季为多。羊狂蝇的发育属全变态，整个过程包括幼虫、蛹和成虫几个阶段（图7-13）。

▶ 流行特征

主要易感动物是绵羊和山羊。羊狂蝇成虫出现于每年 5~9 月，尤以 7~9 月为最多，一般只在炎热、晴朗

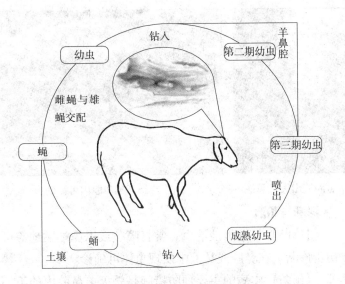

图 7-13　羊狂蝇生活史图解[①]

无风的白天活动而侵袭羊只，幼虫一般寄生 9～10 个月，到第二年春天发育为第三期幼虫。所以本病的流行特点是夏季感染，春季发病。

症状与病变

【症状】成虫侵袭羊群时，羊表现为骚动不安，摇头、喷鼻、流大量鼻液（图 7-14）或鼻端贴着地面行走，影响羊只的采食和休息，使羊消瘦。幼虫在鼻腔寄生，以口钩和刺损伤黏膜，鼻液干燥后结痂而堵塞鼻腔，导致呼吸困难。随着虫体增大，并由鼻窦移向鼻腔时，症状加剧，引起炎症、出血、化脓。个别的第一期幼虫可进入鼻窦，引起鼻窦炎。当幼虫进一步进入颅腔损伤脑膜时导致脑膜炎，此时病羊出现神经症状，表现出运动失调、转圈、弯头、痉挛、麻痹等症状。最后羊只食欲废绝，因衰竭而死亡。

【病变】死后剖检可在鼻腔、鼻窦或额窦内发现各期幼虫（图 7-15）。

①成蝇交配后，雄蝇死亡，雌蝇栖息于安静之处，待幼虫发育后开始飞翔，遇到羊只时将幼虫产于羊的鼻孔及鼻周围，每只雌虫可产 500～600 个幼虫，产完后死亡。产下的幼虫向鼻深部爬到鼻黏膜，经 9～10 个月发育为第二期幼虫，第三期幼虫移行至鼻腔的浅表位处，当羊打喷嚏时，成熟的幼虫喷出到外界，幼虫入土变成蛹，再经 1～2 个月，羽化为成蝇。

图 7-14 羊鼻腔流出大量鼻液

图 7-15 羊鼻腔内可见幼虫

▶ 诊断与防治

【诊断】根据鼻液混血、常打喷嚏或以鼻端贴地等可初步诊断。在鼻腔或鼻液中发现虫体可确诊。

【预防】本病的主要预防措施是杀灭羊鼻腔内的第一期幼虫。可采取以下措施：

● **涂药防虫：**在羊鼻蝇活动频繁的季节，可将一些药物涂在羊的鼻孔周围，有驱避成虫产生幼虫及杀死幼虫的作用。

● **内服药杀虫：**伊维菌素皮下注射。

● **喷药杀虫：**给羊鼻腔喷射 3%来苏儿溶液，每侧鼻孔 20~30 毫升。

【治疗】本病的常用治疗药物见表 7-1。

表 7-1　羊狂蝇蛆病常用治疗药物

药　　物	剂　　量	使用方法
阿维菌素	每千克体重 0.2~0.3 毫克	皮下注射
20%碘硝酚	每千克体重 10~20 毫克	皮下注射
伊维菌素	每千克体重 0.2~0.3 毫克	皮下注射

4.羊感冒

羊感冒又称伤风或鼻卡他，是指发生在上呼吸道及附近组织的炎症。

发病原因

天气湿冷，剪毛后或药浴后受凉；烟、灰尘、热空气、霉菌、狐尾草及大麦芒等的刺激；长途运输之后或鼻蝇蛆等寄生虫的刺激，都会引起羊感冒。

症状

典型症状是从鼻孔向外排出清液或黄色黏稠的鼻液。病羊精神沉郁，食欲减退，鼻潮红、肿胀，呼吸困难，鼻呼吸音明显，常咳嗽、打喷嚏、摇头，低头用鼻靠近地面或蹭地。本病常急性发作，病程一般为 7~10 天，也可能转为慢性。如果治疗不及时可引起喉炎、气管炎和肺炎，导致严重后果。

诊断与防治

【诊断】根据发病情况和症状进行诊断。

【预防】加强饲养管理，保护羊不受到湿冷空气的突袭，按时驱虫。

【治疗】患病羊多喂清水和青饲料；肌内注射 30%安乃近注射液或安痛定注射液 2~3 毫升进行解热，如果症状不减轻，可配合使用抗生素或其他抗菌类药物治疗；用 1%~2%明矾水溶液冲洗鼻腔，然后滴入滴鼻净，收敛消炎鼻腔；患有羊鼻蝇蛆病时，按该病治疗方法进行治疗。

二、咳嗽

咳嗽（图 7-16）是清除呼吸道内的分泌物或异物的保护性呼吸反射动作。虽然有其有利的一面，但长期剧烈咳嗽可导致呼吸道出血、肺气肿等病理过程。

图 7-16　患羊咳嗽

主要表现为咳嗽症状的羊病
- 支原体病：羊支原体性肺炎
- 病毒性疾病：梅迪-维斯纳病
- 寄生虫病：羊肺线虫病
- 普通病：羊支气管炎

其他伴有咳嗽症状的羊病
- 细菌性疾病：羊巴氏杆菌病
- 病毒性疾病：小反刍兽疫、绵羊肺腺瘤病、山羊病毒性关节炎-脑炎
- 寄生虫病：羊棘球蚴病
- 普通病：羊咽炎、羊感冒、吸入性肺炎、胸膜炎、氢氰酸中毒

1. 羊支原体性肺炎

羊支原体性肺炎又称羊传染性胸膜肺炎，是由多种支原体所引起的绵羊和山羊的一种高度接触性传染病。饲养山羊的地区较为多见。

▶ 病原特征

病原体为丝状支原体和肺炎支原体。这些支原体体积细小、形态多样，革兰氏染色为阴性，用姬姆萨染色和美蓝染色着色均良好。对红霉素高度敏感。

▶ 流行特点

病羊和带菌羊是本病的主要传染源。本病常呈地方流行性，表现很强的接触性传染，主要通过空气、飞沫经呼吸道传染。本病多发生在山区和草原，常发生于冬季和早春枯草季节，羊只营养缺乏、机体免疫力降低的情况下。同时，在阴雨连绵、寒冷潮湿、羊群密集、拥挤等条件下更易发生，发病后病死率也较高。

▶ 症状与病变

临床特征为高热、咳嗽、胸膜发生浆液性和纤维素性炎症，取急性或慢性经过，病死率很高。

本病潜伏期为 2~28 天。依据病程的长短和临床症状的不同，把支原体肺炎分为以下三种类型：

● **最急性型**：病程一般不超过 4~5 天，病程最短仅

12~24小时。发病初期体温高达41~42℃，精神萎靡，食欲废绝，呼吸急促。以后很快出现肺炎症状，如呼吸困难，咳嗽，流浆液性带血的鼻液，肺部叩诊音为浊音或实音，听诊肺泡呼吸音减弱、消失或呈捻发音。经1~2天左右病情加重，病羊卧地不起，呼吸极度困难并伴有全身颤动，黏膜发绀，呻吟哀鸣，很快窒息而死。

● 急性型：最常发生。病程多为7~14天，长的达1个月。病羊在发病初期体温升高，咳嗽，并伴有浆液性鼻液。几天后，表现痉挛性干咳，鼻液变为灰黄色或铁锈色，且呈黏稠脓样；胸部叩诊有实音区，听诊呈支气管呼吸音和摩擦音，按压胸壁病羊表现敏感和疼痛。发病后期高热不退，食欲废绝，眼睑肿胀，流泪，眼有脓性分泌物；病羊呼吸极度困难，表现为头颈伸直，腰背拱起，痛苦呻吟，张口呼吸，流泡沫状唾液，最后病羊倒地而死。妊娠母羊感染后多数有流产症状。

● 慢性型：多发生于夏季。病羊全身症状轻微，体温升高到40℃左右，身体衰弱，咳嗽和腹泻时常出现，鼻涕时有时无，被毛粗乱、无光泽，如不及时治疗可引起继发感染而导致死亡。

【病变】主要表现为纤维素性胸膜肺炎和间质性肺炎，病变多发生在肺脏的心叶和尖叶。肺脏常出现肝变，见肺胸膜增厚，表面有灰白色或灰黄色纤维素渗出，肺呈红色、暗红色至灰色不等，质度变实，切面呈大理石样外观；肋胸膜变厚而粗糙，上有一层黄白色纤维素附着。病程较长时黄白色纤维素变成灰白色的结缔组织，使肺、膈肌、胸壁和心包之间发生粘连。

诊断与防治

【诊断】根据本病的流行特点、临床症状和病理变化可进行诊断。确诊需进行病原分离鉴定和血清学试验，血清学试验可用补体结合反应。

【预防】加强饲养管理，防止引入病羊和带菌羊。新引进羊必须隔离检疫1个月以上，确认健康后方能混入羊群。

接种疫苗。疫苗有山羊传染性胸膜肺炎氢氧化铝苗、鸡胚化弱毒苗和绵羊肺炎支原体灭活苗。应根据当地病原体的分离鉴定结果，有针对性地选择其中的一种。疫苗免疫是预防本病的有效措施。

【治疗】封锁发病羊群，隔离病羊、可疑病羊；对被污染的羊舍、场地、用具和病死羊及排泄物等进行彻底消毒或无害化处理。选用新胂凡纳明（914）、磺胺嘧啶钠、红霉素类、土霉素类、泰妙菌素、氟苯尼考等治疗，并进行对症治疗。

2. 梅迪－维斯纳病

梅迪－维斯纳病是由梅迪－维斯纳病毒引起的一种绵羊慢性、进行性多器官损伤综合征。此病的共同特征为典型的慢性进行性疾病，表现为潜伏期长、持久性感染、病程发展缓慢，绵羊一旦感染即为终身患病，抵抗力下降而易继发细菌感染，以死亡告终。

▶ 病原特征

梅迪－维斯纳病毒是两种在许多方面具有共同特性的病毒，属反转录病毒科的慢性病毒亚科。呈圆形或卵圆形，粒子直径为80～120纳米，部分病毒呈球状正二十面体，有囊膜。病毒在感染的细胞内出芽成熟。对酸、氯仿、乙醇和50℃加热敏感，50℃时只存活15分钟。

▶ 流行特点

病毒主要感染绵羊，山羊也可感染，病羊或处于潜伏期的羊是主要的传染源。呈水平传播，主要经消化道和呼吸道感染，也可能经胎盘传染，吸血昆虫也可能成为传播者。本病可发生于所有品种的绵羊，无性别区别，病羊多见于 2 岁以上的成年绵羊。一年四季均可发生，多呈散发，发病率因地域而异。

▶ 症状与病变

潜伏期很长，一般 1~3 年或更长。梅迪病：病羊咳嗽，呼吸困难并逐渐加重，头高仰，呼吸频数，体质减退直到全身消瘦，在持续 2~5 个月甚至数年最后死亡。维斯纳病：主要表现为运动失调，头偏向一侧。后来发生轻瘫和麻痹，最终死亡，病程为几周到 2 年。

梅迪病的病变主要是慢性间质性肺炎及肺淋巴结的增生性炎。肺的体积和重量比正常肺大 2~4 倍，呈灰白色、灰黄色或暗红色，质度变实，触之有橡皮样感。维斯纳病主要为弥漫性脑膜脑炎。

▶ 诊断与防治

【诊断】根据流行病学、临床特征与尸体剖检可作出初步诊断。确诊需做病理组织检查和其他实验室检查。

【防治】本病目前尚无疫苗和有效的治疗方法。加强进口检疫，不从疫区引进种羊；一旦发现病羊，要坚决隔离和扑杀；尸体和污染物应销毁或用石灰掩埋；畜舍、饲养管理用具应用 2%氢氧化钠溶液或 4%碳酸钠溶液消毒。

3.羊肺线虫病

羊肺线虫病是由羊肺线虫寄生于羊的支气管、细支气管和肺泡内引起的寄生虫疾病，主要包括羊网尾线虫和羊原圆线虫两种。前者较大，常称为大型肺线虫；后者较小，又称为小型肺线虫。以下分述羊网尾线虫病和羊原圆线虫病。

羊网尾线虫病：

病原特征

网尾线虫呈丝线状，乳白色，口囊很小，口缘有 4 个小唇片。雄虫长 30 毫米，交合伞发达，交合刺呈靴形，多孔性结构。雌虫长 35 ~ 44.5 毫米，阴门位于虫体中部附近（图 7-17、图 7-18）。虫卵呈椭圆形，大小为（120 ~ 130）微米 ×（80 ~ 90）微米，卵内含第 1 期幼虫。

图 7-17　网尾线虫形态

（内蒙古农业大学寄生虫实验室提供）

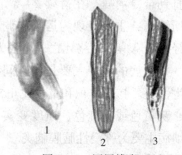

图 7-18　网尾线虫

1.雄虫尾部　2.雌虫头部　3.雌虫尾部

生活史

雌虫在支气管内产卵。当羊咳嗽时，卵被咳出一部分并排出体外，另一部分被咽入消化道内，在适宜的条件下，经 2 次蜕化变为具有感染性的幼虫。感染性的幼虫随粪便排出体外，羊采食了含有感染性幼虫的饲草或饮水，进入消化道内，沿肠系膜淋巴结经淋巴和血液到达肺脏，经肺泡到达支气管，在支气管内发育为成虫。

流行特征

本病在我国各地均有发生，多见于潮湿地区，常呈地方性流行。温度对线虫的发育有一定的影响，温度高时网尾线虫会很快死亡。成年羊比羔羊的感染率高。

症状与病变

【症状】羊病初症状不明显，严重感染时咳嗽，尤其在夜间驱赶时咳嗽更为明显，病羊表现非常痛苦，呼吸浅表。常流出黏性鼻液（图7-19），阵发性咳嗽时，常咳出黏液团块，镜检时见有虫卵和幼虫。随着病程的发展，病羊逐渐消瘦，被毛凌乱，呼吸加快、困难，贫血。体温正常。

 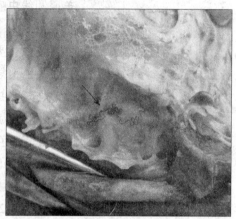

图7-19　羊鼻腔流出大量鼻液　　　图7-20　肺支气管内可见网尾线虫

【病变】病变主要在肺脏，有不同程度的肺气肿。虫体寄生的部位，肺表面稍隆起、呈灰白色，触诊有坚硬感，切开发现有虫体（图7-20）。切开支气管内有黏性团块，团块中有成虫、虫卵和幼虫。支气管充血，并有大小不等的出血点。

▶ 诊断与防治

【诊断】根据临床症状，流行特征及粪便、唾液或鼻腔分泌物检查发现虫卵、虫体，结合尸体剖检发现虫体，即可确诊。

【预防】流行地区每天预防性驱虫1~2次，保持牧场清洁干燥，注意饮水清洁。加强饲养管理，成年羊和羔羊尽量分群饲养。

【治疗】本病常用驱虫与治疗药物见表7-2。

表 7-2　网尾线虫病常用驱虫与治疗药物

药　物	剂　量	使用方法
丙硫咪唑	每千克体重 5～15 毫克	一次性口服
左旋咪唑	每千克体重 7～12 毫克	一次性口服

羊原圆线虫病：

> **病原特征**

　　原圆线虫主要包括毛样缪勒线虫和柯氏原圆线虫。毛样缪勒线虫呈线状，雄虫长 11～26 毫米，交合伞退化，交合刺 2 根。雌虫长 18～30 毫米，阴门距肛门较近。虫卵呈褐色，大小为 (82～104) 微米×(28～40) 微米。柯氏原圆线虫呈褐色纤细状，雄虫长 21～30 毫米，交合伞小，交合刺呈多孔性节状结构。雌虫长 28～40 毫米，阴门在肛门附近。虫卵的大小为 (69～98) 微米×(36～54) 微米 (图 7–21)。

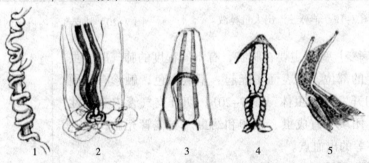

1　　　　2　　　　3　　　　4　　　　5

图 7–21　原圆线虫

1.雄虫缠绕在雌虫身上　2.雌虫尾部　3.头部　4.引器　5.交合刺

> **生活史**

　　中间宿主为软体动物 (图 7–22)。

> **流行特征**

　　本病的流行特征与网尾线虫相似，温度对其影响较大。

> **症状与病变**

　　【症状】轻度感染时无明显的临床症状；严重感染

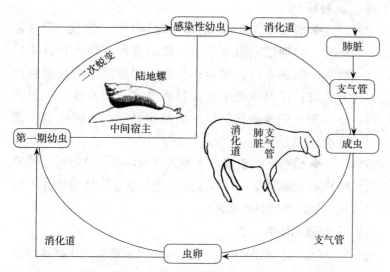

图7-22　原圆线虫的生活史图解①

时，病羊表现为呼吸困难、干咳，并常伴有细菌等继发感染，导致肺炎，最终窒息而死。

【病变】其病变也主要集中在肺脏，肺表面有大小不等的结节，肺萎陷和实变，有的部位发生钙化。

诊断与防治

同网尾线虫病。

4.羊支气管炎

支气管炎是指支气管的炎症过程，常发生于寒冷的冬季和气候多变的春季。

发病原因

● **急性支气管炎**：受寒感冒，吸入氨、二氧化硫、霉菌孢子、尘埃、烟及有毒气体等刺激性的有毒物质，液体和饲料误咽入支气管都可引起急性支气管炎。同时，喉、气管、肺脏的疾病也可继发本病。

● **慢性支气管炎**：由急性支气管炎发展而来或继发于其他疾病。

①雌虫在支气管内产卵；当羊咳嗽时，卵进入消化道内，发育为第一期幼虫；幼虫随粪便排出体外，进入中间宿主软体动物（陆地螺等）体内，在其体内蜕皮2次发育为具有感染性的幼虫。羊采食了含有感染性幼虫的螺的饲草，感染性幼虫进入消化道内，沿肠系膜淋巴结经淋巴和血液到达肺脏，经肺泡到达支气管，在支气管内发育为成虫。

▶ 症状

● **急性支气管炎**：病羊表现为干咳、短咳、湿咳和长咳；初期咳嗽带疼痛感，以后逐渐减轻，有时咳出痰液，胸部听诊有啰音；鼻腔或口腔排出黏性或脓性分泌物；体温一般正常或轻度升高。若炎症扩散到细支气管，全身症状明显，体温明显升高，呼吸急速而困难。

● **慢性支气管炎**：主要表现为咳嗽、流鼻液、气管敏感和肺部啰音，病羊逐渐消瘦和贫血，体温变化不明显，最后极度衰竭而死亡。

▶ 诊断与防治

【诊断】根据病史、咳嗽和呼吸困难等临床症状可作出诊断。

【预防】加强饲养管理，圈舍要宽敞，保持清洁、通风透光、无贼风侵入；喂给病羊清洁的饮水和湿润多汁而营养丰富的饲料。

【治疗】

● **祛痰**：可口服吐根酊、复方甘草合剂、远志酊、复方杏仁水等。

● **止咳平喘**：肌内注射3%盐酸麻黄素1～2毫升。

● **控制感染**：可肌内注射10～20毫升10%磺胺嘧啶钠，每天2～3次；也可肌内注射青霉素20万～40万单位或链霉素0.5克，或可用其他抗菌类药物治疗。

三、呼吸困难

呼吸困难是呼吸功能不全的一个重要症状，主要表现为呼吸频率、深度和节律的改变。

1. 吸入性肺炎

吸入性肺炎是指食物渣液、药物和植物油等误入羊

主要表现为呼吸困难的羊病 {
- 内科病：吸入性肺炎、胸膜炎
- 中毒性疾病：蛇毒中毒

其他伴有呼吸困难的羊病 {
- 细菌性疾病：炭疽、羊巴氏杆菌病
- 病毒性疾病：绵羊肺腺瘤病、山羊病毒性关节炎-脑炎、梅迪-维斯纳病
- 寄生虫病：羊棘球蚴病、羊狂蝇蛆病、羊肺线虫病
- 普通病 {
  - 营养代谢病：羊维生素 B 族缺乏症、绵羊碘缺乏症
  - 中毒性病症：有机磷中毒、有机氟中毒、食盐中毒、亚硝酸盐中毒、氢氰酸中毒、尿素中毒、菜籽饼中毒、硒中毒

肺脏而引起的肺炎。

发病原因

长时间饥饿后抢食干饲料，经口强制投药或给羊灌油时使这些物质误入呼吸道而引起本病。

症状

精神沉郁，食欲降低或废绝，发病初期干咳，后期湿咳，体温升高到 40℃以上，呈弛张热[①]，腹式呼吸[②]，呼吸加快、呼吸困难。从鼻孔流出灰白色浆液性或黏液性分泌物。肺部听诊初期为干啰音，以后为湿啰音，并有散在性捻发音。

诊断与防治

【诊断】根据咳嗽、流鼻涕、肺部啰音和捻发音等临床症状，再结合病史可以诊断。

【预防】加强饲养管理，避免羊长时间饥饿后饲喂干饲料，插胃管时要确认插到消化道后再灌药或油。

【治疗】青霉素 80 万单位肌内注射，每天 2 次，连续 5～7 天；再用青霉素 40 万单位、0.5%普鲁卡因 2～3 毫升进行气管注射，每 1～2 天 1 次，注射 2～4 次。继发肺脓肿时，用 10%磺胺注射液 20 毫升或四环素 0.5 克，静脉注射。用葡萄糖、葡萄糖氯化钙静脉注射，同时使用强心剂强心。

①弛张热：指体温升高后一昼夜的波动超过 1℃以上，但体温下降并不达到正常水平的发热。

②腹式呼吸：腹式呼吸以膈肌运动为主，吸气时胸廓的上、下径增大。

①胸膜是一薄层浆膜，可分为脏胸膜与壁胸膜两部分。脏胸膜包覆于肺的表面，与肺紧密结合而不能分离。壁胸膜贴附于胸壁内面、膈上面和纵隔表面。

2. 胸膜炎

胸膜炎是指胸膜①发生的炎症。

▶ **发病原因**

胸部穿透创或胸腔穿刺时带入病原菌感染而引起。胸腔器官的炎症过程和某些传染病的伴发症，如支气管肺炎、肺坏疽、结核病、传染性胸膜肺炎、出血性败血症等。

▶ **症状与病变**

【症状】发病初期，病羊精神沉郁，食欲降低或废绝，体温升高，呼吸困难、呈腹式浅表呼吸，常表现为痛苦的咳嗽，触诊胸壁有痛感；心跳加快，肺部听诊肺泡呼吸音减弱，心音模糊不清，胸壁叩诊出现水平浊音区；当胸膜有大量纤维素渗出时，听诊出现摩擦音。

【病变】胸腔内积聚大量渗出液，严重时胸膜表面有大量丝网状的纤维素渗出，疾病后期心、肺和胸壁也粘连（图7-23）。

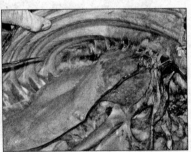

图7-23 患病羊脏胸膜与壁胸膜发生粘连

▶ **诊断与防治**

【诊断】根据腹式浅表呼吸，胸壁触诊疼痛，胸部听诊有水平浊音、摩擦音等临床症状和剖检变化以及胸腔穿刺有大量渗出液流出即可确诊。也可用X射线检查以帮助诊断。

【预防】加强饲养管理和营养，经常消毒圈舍，保持干燥、清洁，加强各种疾病预防。

【治疗】用抗生素或磺胺类药物进行全身治疗，对于传染病引起的胸膜炎应针对具体疾病治疗。通过穿刺，排出胸腔内大量浆液性渗出物，用生理盐水反复灌洗，并将青霉素 40 万～80 万单位及链霉素 1～2 克溶于蒸馏水 30～50 毫升后，注入胸腔。静脉注射 10%氯化钙10～20 毫升来抑制渗出物的产生。必要时使用强心剂以促进机体恢复。

3. 蛇毒中毒

➤ **发病原因**

羊被毒蛇咬伤[①]，常发生在山区。

➤ **症状与病变**

● **全身症状**：神经毒[②]引起羊四肢麻痹、呼吸困难、血压下降、昏迷，最后因呼吸麻痹和循环衰竭而死亡。血液循环毒[②]引起羊全身战栗、心跳加快、血压下降、体温升高、皮肤出血、排血尿和血便，最后因心脏麻痹而死亡。

● **局部症状**：咬伤头部时，病羊口、唇、鼻端及面部极度肿胀，有热痛感，精神不安，无食欲。针刺肿胀部位，流出淡红色或黄色液体。严重时，上下唇不能闭合，鼻肿胀，呼吸困难，呼吸音明显。有的病羊垂头，站立不动或卧地不起，全身出汗，肌肉震颤。咬伤四肢时，被咬部位肿胀、热痛，羊跛行；严重时，肿胀到达臂部，有时卧地不起。有时因咬伤四肢的大静脉而迅速死亡。

➤ **治疗**

● **抑制蛇毒吸收和促使蛇毒排出**：把病羊放在安静、凉爽的地方，在伤口的上部（近心端）绑上带子，肿胀处剪毛，涂以碘酒。用针进行深部乱刺，促进血液排出，然后用 3%～5%高锰酸钾溶液进行冷湿敷。

● **破坏蛇毒**：静脉注射 2%高锰酸钾溶液，50 毫升/次，中和蛇毒，注射速度要缓慢，一般在 5～10 分钟内注射完毕。同时，在咬伤部位的周围局部注射 1%高锰酸

[①]毒蛇有毒腺和毒牙，当毒蛇咬伤动物时，毒液通过牙管注入机体而引起中毒。

[②]蛇毒分神经毒、血液循环毒和混合毒。神经毒主要抑制呼吸中枢；血液循环毒主要侵害心血管系统和溶血作用；混合毒兼有神经毒和血液循环毒的毒性。

钾溶液或 2%漂白粉或过氧化氢。还可静脉注射 5%~10%硫代硫酸钠 30~50 毫升，来加速蛇毒氧化。

● **当有全身症状时**：可口服或皮下注射咖啡因，也可注射复方氯化钠溶液进行强心。

● **乱刺以后**：患部涂搽氨水，然后以 0.25%普鲁卡因溶液在患部周围进行封闭。经过以上处理，轻者经 12~24 小时可见愈，重者须再重复处理一次。

● **草药治疗**：用鬼臼（独脚莲）的根部加醋涂搽，涂到伤口周围，每天早晚各涂搽 1 次，连涂 3 天，具有特效。

第八章 泌尿系统症状与相关疾病

目标
- 熟悉羊病的泌尿系统典型临床症状
- 熟悉有泌尿系统典型临床症状的主要羊病
- 掌握有泌尿系统典型临床症状羊病的防治措施

一、尿液变化

尿液的检查对某些疾病，特别是泌尿系统疾病的诊断具有重要意义，同时对一些内分泌及代谢疾病、循环系统疾病、肝脏疾病、血液及造血系统疾病、某些药物中毒、重金属中毒的判断分析具有辅助诊断意义。

主要表现为尿液变化症状的羊病 {● 内科病：羊酮尿病
其他伴有尿液变化症状的羊病 {● 中毒性疾病：蛇毒中毒、菜籽饼中毒

羊酮尿病

羊酮尿病是指由于羊机体脂肪代谢增强，脂肪酸氧化分解的酮体①在羊的尿液中蓄积而引起的疾病，又称酮病、酮血病、醋酮血病。常发生在羊妊娠后期，绵羊多发生于冬末、春初。

> **发病原因**
- 平时或突然大量饲喂富含蛋白质和脂肪的豆类、

①酮体：在肝脏中，脂肪酸氧化分解的中间产物有乙酰乙酸、β-羟基丁酸及丙酮，三者统称为酮体。

油饼等饲料，而干草、青草、禾本科谷类等含碳水化合物的饲料不足。

●常见冬季舍饲的奶山羊和高产母羊泌乳的第一个月，营养不能满足大量泌乳的需要，引起机体以脂肪代谢为主，脂肪氧化不完全，形成大量酮体蓄积，引发本病。

●继发于前胃弛缓、真胃炎、子宫炎和饲料中毒等过程中。

▶ **症状与病变**

【症状】发病初期，病羊食欲降低，不吃精料，爱吃干草及污染的饲料，常有异嗜癖；随病程发展，视力逐渐减退，放牧时不能跟群，常呆立不动，驱赶强迫运动时，步态摇晃；发病后期，反刍减少，瘤胃及肠蠕动减弱，意识紊乱，视力消失，出现头颈部肌肉痉挛，耳、唇震颤，头后仰或偏向一侧，转圈运动和空嚼等神经症状，可视黏膜苍白或黄染，口流泡沫状液体；呼出的气体和尿中有丙酮气味，最后全身痉挛而突然倒地死亡。

【病变】脂肪肝，肝脏肿大，可比正常的大 2~3 倍，呈黄色，有油腻感，其他实质器官也呈不同程度的脂肪变性。

▶ **诊断与防治**

【诊断】根据临床症状和病变进行诊断。

【预防】加强饲养管理。冬季设置防寒棚舍；春季补饲青干草，适当补饲精料（豆类）、食盐等；冬季补饲甜菜根和胡萝卜。

【治疗】肌内注射可的松 0.2~0.3 克或促肾上腺皮质激素 20~40 单位，1 次 / 天，连用 4~6 天。同时，用 25%葡萄糖注射液 50~100 毫升，静脉注射，每天 2 次，连续 3~5 天。内服甘油 30 毫升，每天 2 次，连续 7 天。

每天按每千克体重 300 毫克的量饲喂柠檬酸钠或醋酸钠，连服 4~5 天。在饲草料中添加充足的维生素 A、维生素 B、维生素 D 及矿物质（钙、磷、食盐等）。

二、尿量改变

羊只在 24 小时内排尿总量的改变，主要表现为多尿、少尿及无尿等临床症状。

主要表现为尿量改变症状的羊病 { ● 内科病：尿结石
其他伴有尿量改变症状的羊病 { ● 内科病：羊胃肠炎、日射病与热射病

尿结石

尿结石是尿中盐类结晶析出并在肾盂、膀胱、输尿管及尿道等处形成凝结物而引起尿道发炎和排尿机能障碍的一种疾病。公羊及阉羊容易发生。

▶ 发病原因

饲料营养不全和矿物质不平衡。饮水中含镁盐和其他盐类较多、长期饮水不足导致尿液浓缩时，易引起盐类浓度过高而结晶导致尿结石；长期饲喂谷类、高粱、麸皮等高蛋白和高磷的饲料，易造成钙磷比例失调，导致尿结石；长期饲喂未经加工的棉籽饼，导致维生素 A 和钙缺乏，也易引起尿结石。

公羊及阉羊的尿道细长，且有 S 状弯曲及尿道突，在 S 状弯曲部或尿道突内易发生结石。

▶ 症状与病变

【症状】发病初期病羊精神沉郁，厌食，性欲减退，出现尿频，尿量减少；发病后期，尿失禁，尿液呈点滴下流或不排尿(图 8-1)，公羊包皮明显肿胀，阴茎根部发炎肿胀，频繁作排尿状，不断呻吟，时起时卧，有时回头看腰角部；病羊行走困难，强迫行走时，后肢勉强

①尿毒症：肾功能不全发展到最严重阶段，代谢产物和毒性物质在体内滞留，水、电解质和酸碱平衡发生紊乱以及某些内分泌功能失调所引起的全身性功能和代谢障碍的综合病理过程。

②中药处方：桃仁 12 克、红花 6 克、归尾 12 克、赤芍 9 克、香附子 12 克、海金沙 15 克、金钱草 30 克、鸡内金 6 克、广香 9 克、滑石 12 克、木通 18 克、萹蓄 12 克，将以上各药碾细，共分 3 次，开水冲灌。每次用药时加水 500 毫升左右，以增加排尿。

做短步移动，最后因膀胱破裂或引起尿毒症①而死亡。

【病变】肾脏及输尿管肿大而充血，可见出血点；膀胱高度扩张、积尿，其中有大小不等的坚硬的颗粒状结石，黏膜面上有出血点，膀胱颈或尿道可被结石堵塞；其他内脏无明显病变。

图 8-1　患羊滴尿

诊断与防治

【诊断】根据尿频、少尿、尿失禁、尿液呈点滴下流或不排尿、腹痛等临床症状和剖检变化可进行诊断。也可通过显微镜观察尿液，如有脓细胞、肾小管上皮组织或血液可进一步确诊。

【预防】加强饲养管理。饲喂营养全面和矿物质平衡的饲料，如多喂富含维生素 A 的饲料，多喂多汁饲料和增加饮水。

【治疗】

● **调整饲料**：饲喂营养全面和矿物质平衡的饲料，如减去食盐及麸皮，单纯饲喂青草，饲料中加入黄玉米或苜蓿等。

● **中药疗法**②：适用于轻症病羊。同时配合注射抗生素以控制继发感染。

● **手术疗法**：适用于尿道完全堵塞的重症病羊。

（1）膀胱穿刺　用穿刺针实施膀胱穿刺术，排出尿液，同时肌内注射阿托品 3～6 毫克，来松弛尿道肌，减轻疼痛。

（2）尿道切开或膀胱切开术　通过切开尿道或膀胱，将结石取出；用尿道探子移动结石，辅助病羊排出结石。术后要加强护理，饲喂液体饲料，并注射利尿药及抗菌消炎药物，直至痊愈。

三、排尿异常

羊只在患病的情况下出现排尿障碍，主要表现为尿频、尿失禁、排尿困难等临床症状（图8-2）。

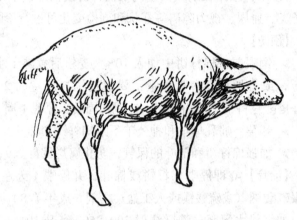

图 8-2　患病羊排尿困难

主要表现为排尿异常症状的羊病{● 中毒性疾病：菜籽饼中毒

其他伴有排尿异常症状的羊病{● 内科病：羊尿结石
● 中毒性疾病：有机磷中毒

棉籽饼中毒

▶ 发病原因

棉籽饼及棉叶中含有毒棉酚①，特别是棉籽饼发霉、腐烂时，毒性更大，长期或大量饲喂可以引起中毒。羔羊可以通过吸吮慢性中毒的母羊乳而中毒。

▶ 症状与病变

【症状】中毒羊食欲降低，精神沉郁，被毛粗乱，粪便干燥、呈黑色，眼怕光、流泪或失明，呼吸困难、呈腹式呼吸，体温升高，后肢软弱，怀孕母羊流产；严重时，兴奋不安，食欲废绝，呼吸急促，全身颤抖，下痢带血，排尿困难，排血尿，3天左右死亡。

①游离的有毒棉酚通过加热或发酵，毒性大大降低；游离的有毒棉酚可与硫酸亚铁离子结合，形成不溶性铁盐而失去毒性。

【病变】肝脏肿大、呈黄色，质脆易碎，表面有出血；肺充血、水肿，间质增宽；心肌松软，横径增宽，心内外膜有出血点；肾肿大、出血；出血性胃肠炎。

▶ 诊断与防治

【诊断】根据长期或大量饲喂棉籽饼或棉叶，羊出现胃肠炎、血尿、视力障碍等症状和剖检变化可进行诊断。

【预防】

➢ 饲喂前在棉籽饼中加入10%大麦粉后煮沸1小时以上，或者加水发酵；喂量不要超过饲料总量的20%，最好搭配豆科干草或粗饲料，连喂几周后，停喂1周。

➢ 怀孕、哺乳母羊和种公羊不喂棉籽饼和棉叶。

➢ 加强棉籽饼和棉叶的保管，防止腐烂发霉。

【治疗】立即停喂棉籽饼或棉叶，并停喂1天左右；口服硫酸钠（或硫酸镁或人工盐）泻剂，成年羊80～100克，加大量水灌服；静脉注射300～500毫升10%～20%葡萄糖溶液和100毫升10%氯化钙溶液，可适当加维生素A、维生素C、维生素D，同时肌内注射10%安钠咖10～20毫升。

第九章　神经系统症状与相关疾病

目标
- 熟悉羊病神经系统的典型临床症状
- 熟悉表现为神经系统症状的羊病
- 掌握表现为神经系统症状羊病的防治措施

一、沉郁

羊只表现为对周围事物注意力减弱，反应迟钝，眼半闭或全闭，行动无力。沉郁是最轻度的精神抑制现象（图9-1）。

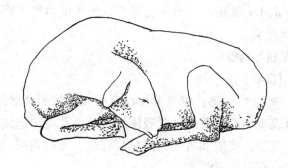

图9-1　病羊精神沉郁

主要表现为沉郁症状的羊病〔● 中毒性疾病：硒中毒

- 病毒性疾病：口蹄疫、羊痘、小反刍兽疫、绵羊痒病、山羊病毒性关节炎-脑炎、狂犬病
- 寄生虫病：肝片吸虫病、羊歧腔吸虫病、羊前后盘吸虫病、羊莫尼茨绦虫病、羊球虫病、羊泰勒虫病、羊细颈囊尾蚴病

其他伴有沉郁症状的羊病

- 普通病
  - 内科病：羊瘤胃积食、羔羊消化不良、羊胃肠炎、羊感冒、吸入性肺炎、胸膜炎、日射病与热射病、尿结石、角膜炎、肠变位
  - 营养代谢病：异嗜癖、佝偻病
  - 中毒性疾病：瘤胃酸中毒、有机氟中毒、亚硝酸盐中毒、氢氰酸中毒、菜籽饼中毒、氨中毒

硒中毒

硒中毒是指因食入或注射硒的量过大而引起的中毒性疾病。

▶ 病因

在富硒地区①，羊吃了富含硒的饲草易发生中毒。饲料中硒添加或硒制剂注射过量也可导致中毒。硒的安全使用量为每千克饲料 1 毫克以下，超过每千克饲料 5 毫克可引起中毒。羔羊口服亚硒酸钠的半数致死量②为每千克体重 1.9 毫克，肌内注射的半数致死量为每千克体重 0.455 毫克。

▶ 症状与病变

【症状】

● **急性中毒**：中毒羊可没有明显症状而突然死亡。也可表现为精神沉郁，呼吸困难，从鼻孔流出泡沫样鼻液，腹痛，皮肤和可视黏膜呈紫红色，死前哀叫，最后因呼吸衰竭而死亡。

● **慢性中毒**：中毒羊食欲降低，视力减退或失明，不避让障碍物，呼吸和吞咽困难，突然倒地死亡。母羊表现为流产、死产和产弱羔。

①我国陕西紫阳县和湖北恩施土家族苗族自治洲属高硒区。

②半数致死量：表示在规定时间内，通过指定感染途径，使一定体重或年龄的某种动物半数死亡所需最小细菌数或毒素量。

【病变】全身出血，胸腔和腹腔积水，肺水肿，肝颜色变深、萎缩、硬化并有坏死灶、脾肿大、有局灶性出血，有的病例脑充血、出血和软化。

> **诊断与防治**

【诊断】根据临床症状和剖检变化可作出初步诊断，通过饲料、血液、被毛或组织中硒含量①测定，如果含量达到中毒量可确诊。

【预防】加强饲养管理，避免在富硒地区放牧；饲料中添加硒时，严格按说明书规定的量添加，并混合均匀；给羔羊注射硒制剂时注意不要超量。

【治疗】发现硒中毒时，要立即停喂富含硒的饲料，并在新饲料中加入氨基苯胂酸每千克饲料 10 毫克，或饮水中加入亚砷酸钠 5 毫克 / 升，抑制硒的吸收和促进硒的排泄。

①血液中硒含量大于 2 毫克 / 升，毛中硒含量大于 10 毫克 / 千克表明硒摄入过量。

二、兴奋

羊只表现为不安、易惊，对刺激敏感，反应强烈，主要是羊中枢神经机能亢进的结果（图 9-2）。

图 9-2 患羊兴奋

主要表现为兴奋症状的羊病
- 普通病
  - 病毒性疾病：狂犬病
  - 营养代谢病：青草搐搦
  - 中毒性疾病：铅中毒

其他伴有兴奋症状的羊病
- 细菌性疾病：李氏杆菌病
- 普通病
  - 内科病：羊脑膜脑炎
  - 中毒性疾病：有机磷中毒、食盐中毒、氢氰酸中毒、菜籽饼中毒

①俗称疯狗病，又称恐水症。

②基因组从 3′ 端至 5′ 端的排列依次为 N 基因（1421bp）、NS 基因（991bp）、M 基因（804bp 或 805bp）、G 基因（1675bp 或 2059bp）和 L 基因（6429bp 或 6384bp），分别编码核蛋白（N）、磷酸化蛋白（P）、基质蛋白（M）、糖蛋白（G）和 RNA 多聚酶（L）等 5 个主要的结构蛋白。成熟的 RABV 粒子呈典型的弹头状，外部为脂蛋白组成的双层囊膜，表面为糖蛋白纤突；内部包裹由病毒基因组 RNA、N、P 和 L 组成的核衣壳。N、NS 和 L 三种蛋白总称为核糖核酸蛋白（RNP）。

1. 狂犬病

狂犬病①是由狂犬病病毒引起的一种人和多种动物共患的急性接触性传染病。其特征为极度的神经兴奋而狂暴，意识丧失，最后全身麻痹而死亡。

▶ 病原特征

狂犬病病毒②属弹状病毒科、狂犬病病毒属。狂犬病病毒呈子弹状，直径 75~80 纳米，是有包膜的单链（负链）RNA 病毒，病毒颗粒有脂质双层外膜。病毒对外界的抵抗力不强，对湿热敏感，50℃15 分钟或 100℃2 分钟就可以灭活，紫外线和日光照射及常用消毒液等都容易将其灭活。病毒在冰冻状态下可以长期存活。

▶ 流行特点

人和多种动物均有易感性，尤以犬科动物最为易感，常成为人、畜狂犬病的传染源和病毒的贮存宿主。主要传染源是患病的家犬及带毒的动物，患病的动物以咬伤为主要传播途径，也可经损伤的皮肤、黏膜传染。一般呈散发性流行，无明显季节差异，春末、夏初稍微多见。

▶ 症状与病变

潜伏期与咬伤部位、侵入病毒的毒力和数量有关，一般为 2~6 周，长的可达数月或一年以上。

兴奋型：病羊起初精神沉郁，食欲下降；不久后表现出起卧不安，出现兴奋和冲击动作，磨牙，性欲亢进，攻击其他动物等，并常舔咬伤口；后期发生麻痹，卧地不起，衰竭而死。

沉郁型：多无兴奋期或兴奋期短，而且迅速转入麻痹期，出现喉头、下颌、后躯麻痹，流涎，吞咽困难等症状，最终卧地而死。尸体无特异性变化，有咬伤、裂伤、口腔和咽喉充血、糜烂，胃内空虚或有异物，胃肠黏膜充血或出血。硬脑膜有的充血，脑组织呈非化脓性脑炎，神经细胞内出现特征性的嗜酸性包含体（图9-3）。

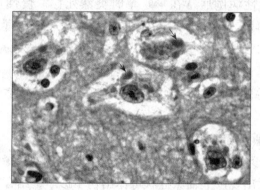

图9-3　狂犬病非化脓性脑炎和神经细胞嗜酸性包含体

▶ 诊断与防治

【诊断】根据病羊是否有病犬、病畜咬伤的病史及临床特征，一般可作出正确的临床诊断。实验室诊断可通过病理组织学检查、动物接种试验和荧光抗体检测。病理组织学检查发现脑组织神经细胞嗜酸性包含体，结合病史和临床症状可确诊。

【防治】该病尚无有效的治疗措施，以预防为主。在养羊的地区尽量不养犬，如养犬一定要注射狂犬病疫苗。如发现有羊被犬咬伤，应及早进行伤口处理，局部用20%肥皂水彻底冲洗，伤口不应缝合，为了防止伤口感染，还可注射抗生素。对被咬羊只立即注射狂犬病疫苗。

2. 青草搐搦

青草搐搦是指血液中镁离子的浓度低于正常值而引起的疾病，又称羊低镁血症、牧草蹒跚或麦田中毒。

发病原因

幼嫩多汁的青草或禾苗食入过多而干物质食入减少。多见于春季、夏季雨后长时间在长满嫩草的牧场或青绿禾谷类作物的田间放牧，或泌乳羊长时间饥饿等引起本病。

症状与病变

急性病例通常在羊吃草时突然死亡。慢性病例在发病初期表现为步态不稳，过度兴奋，背、颈、四肢的肌肉及眼球震颤，磨牙，唇边有泡沫。发病后期，病羊迅速倒地，痉挛，头向后仰，剧烈心跳，口吐白沫，昏迷而死亡。血液检查发现血浆镁浓度下降到0.1～2.5毫克/升。

诊断与防治

【诊断】根据春季和夏季雨后在吃嫩草或青绿禾谷类作物时出现以上临床症状可作出初步诊断，结合血液中镁、钙含量测定可进行确诊。

【预防】

● **适度补镁**：初春和夏季，在精料中按每只羊每天8克的量添加菱镁矿石粉或按每只羊每天5～10克的量添加氧化镁，可有效预防本病。

● **适度放牧**：初春季节采取半日放牧半日舍饲的饲养方式；放牧时采食青草不超过2小时，吃六七分饱；不要雨后放牧，更不能让羊吃带露水的青草。

● **增加草场植被中镁离子的含量**：按1公顷的牧场喷洒14千克菱镁矿石粉，或者在肥料中加入适量氧化镁，可有效预防低镁血症的发生。

【治疗】发病早期，用20%硫酸镁溶液40～60毫升，一次皮下多点注射，可使血镁浓度很快升高，疗效较好；或用25%硼葡萄糖酸钙和5%次磷酸镁1:1的混合液80毫升，一次缓慢静脉注射，疗效更佳。

3. 铅中毒

铅中毒是指由于食入过量的含铅化合物和金属铅而引起的中毒性疾病。

➤ 病因

砷酸铅等含铅的驱虫药使用过量，吃了喷洒过含铅农药的植物和被油漆污染的饲料，咀嚼蓄电池，在被炼铅厂的废水、烟尘以及汽油燃烧产生的含铅废气污染的草地和水源放牧等，都可引起羊铅中毒。

➤ 症状与病变

【症状】中毒羊精神萎靡，不吃不喝，长时间呆立，视力障碍，甚至失明；羊对触摸和声音感觉敏感，有兴奋、狂躁、头顶障碍物、肌肉震颤、空嚼等铅性脑病的症状；同时，出现前胃弛缓，腹痛，先便秘、后腹泻，排恶臭的稀粪等胃肠炎症状；慢性铅中毒的羔羊运动障碍，后肢轻瘫和麻痹。

【病变】急性中毒羊心内外膜出血，脑水肿，脑脊液增多；皱胃明显充血、出血；慢性中毒羊大脑皮质软化，枕叶区形成空洞。

➤ 诊断与防治

【诊断】根据病羊有与含铅物质的接触史、铅性脑病等临床症状和病理变化可作出初步诊断，确诊必须通过血、毛和组织铅含量的测定①。

【预防】禁止羊食入含铅涂料和被铅污染的饲草，不在炼铅厂附近和公路两旁放牧，经常给羔羊喂少量硫酸镁有一定的预防作用。

【治疗】

➤ 发病初期可用10%的硫酸镁或硫酸钠洗胃，或导泻以促进毒物的排出。

➤ 慢性铅中毒时，用依地酸二钠钙，按每千克体重110毫克的剂量，溶于100～500毫升5%葡萄糖盐水中，

①铅中毒时血铅含量为0.35～1.2毫克/升（正常值为0.025~0.05毫克/升），毛铅含量可达88毫克/千克（正常值为0.1毫克/千克）；肾组织含铅量可超过25毫克/千克（湿重），肝含铅量超过10～20毫克/千克（湿重）（正常肾、肝铅含量低于0.1毫克/千克）。

静脉滴注，每天 2 次，连用 4 天为一疗程，驱除羊体内的铅，停药数天后根据病情再适当用药。同时，适量内服硫酸镁缓泻药，具有良好效果。

三、运动异常

羊只运动时肌群动作相互不协调导致羊体位和各种运动异常（图 9-4）。

图 9-4　运动异常

主要表现为运动异常症状的羊病 ┫
● 病毒性疾病：山羊病毒性关节炎-脑炎
● 普通病：绵羊铜缺乏症（摆腰病）、羊脑膜脑炎

其他伴有运动异常症状的羊病　● 寄生虫病：羊脑包虫病（多头蚴病）

1. 山羊病毒性关节炎–脑炎

山羊病毒性关节炎–脑炎是由山羊关节炎–脑炎病毒引起山羊的一种慢性传染病。临床特征是山羊表现为慢性、多发性关节炎，间质性肺炎和乳房炎，羔羊常呈现脑脊髓炎症状。

▶ **病原特征**

山羊关节炎–脑炎病毒属于反转录病毒科、慢病毒属，为单股 RNA 病毒，直径为 80～100 纳米。病毒对外界的抵抗力不强，对甲醛、酚类、乙醇溶液等消毒液敏感，对温度也敏感，56℃ 10 分钟即可灭活。

▶ 流行特点

本病呈地方性流行，山羊为易感动物，绵羊不感染，无年龄、性别、品种间的差异，但以成年羊感染居多。病羊和感染羊是主要传染源，感染羊可通过粪便、唾液、呼吸道分泌物、阴道分泌物、乳汁等排出病毒。感染途径以消化道为主，病毒经乳汁感染羔羊，被污染的饲草、饲料、饮水等可成为传播媒介，病死率高达 80% 以上。

▶ 症状与病变

临床表现分为 4 种病型：脑脊髓炎型、关节炎型、间质性肺炎型和硬结性乳房炎型。具体内容见表 9-1。

表 9-1　山羊关节炎-脑炎各型之间症状与病变的区别

类 型	年 龄	病 程	病 变
脑脊髓炎型	2～4 月龄羔羊	0.5～12 个月	潜伏期 50～150 天，病羊表现为沉郁、跛行，进而四肢僵硬、共济失调、四肢划动；有的羔羊眼球震颤，角弓反张，头颈歪斜或转圈运动；脑脊髓切面有褐色-棕红色病灶，脑膜充血；大部分病羊最终死亡
关节炎型	成年山羊	1～3 年	病羊腕关节、膝关节、跗关节肿大，跛行，关节液呈黄色或粉红色，滑膜常与关节软骨粘连
间质性肺炎型	成年羊	3～6 个月	病羊出现进行性呼吸困难的症状，临床表现为进行性消瘦、呼吸困难；听诊有湿啰音，咳嗽；肺稍肿大、质地较硬，表面有大小不等的灰白色结节
硬结性乳房炎型	成年母羊		母羊分娩后乳房坚硬、肿胀、无乳，乳腺发炎，呈间质性乳房炎症状

▶ 诊断与防治

【诊断】根据病史、典型的临床症状和病理变化可作出初步诊断。确诊需依据病原分离鉴定和血清学试验结果进行综合判定。

【防治】目前尚无疫苗和有效治疗方法。防制本病主要以加强饲养管理和采取综合性卫生防疫措施为主。加强检疫，禁止从疫区引进种羊。如确需治疗，可在发病早期针对具体病症应用消炎药物缓解局部炎症，并给予广谱抗生素以预防细菌性继发感染。

2. 绵羊铜缺乏症（摆腰病）

铜缺乏症是指羊体内铜的含量低于正常值而影响成年羊毛的生长，引起羔羊共济失调和摆腰的疾病。本病主要发生在铜缺乏地区。

▶ 病因

● **原发性铜缺乏**：长期饲喂铜缺乏地区的土壤中生长的低铜饲草和饲料①。

● **继发性铜缺乏**：见于铜的摄入充足而吸收不足。当采食钼含量高的牧草或钼中毒时，且日粮中硫的含量达 1 克/千克时，机体吸入钼和硫多而吸收铜明显减少，引起铜缺乏症。

▶ 症状与病变

【症状】发病初期的典型症状为毛褪色，流泪，关节肿大，骨质疏松，机体衰弱，贫血，进行性消瘦，有时慢性下痢。病羊运动障碍，后肢麻痹，起立困难或不能站立，走动时臀部左右摇摆，因此又称摆腰病。有时，羔羊出生后很快死亡。病羊血液和肝脏的铜含量很低，可分别下降到 0.1 ~ 0.6 毫克/升和 10 毫克/千克以下。

【病变】病变主要在中枢神经系统，表现为脑干液化和形成空洞。

▶ 诊断与防治

【诊断】根据羔羊站立困难或不能站立，摆腰等临床症状和病理变化可作出初步诊断，结合补铜后疗效显著

①通常饲料（干物质）含铜量低于 3 毫克/千克，可以引起发病。3 ~ 5 毫克/千克为临界值，8 ~ 11 毫克/千克为正常值。

及血液和肝脏的铜含量降低可确诊。

【预防】每年给牧草地喷洒硫酸铜溶液或在盐中加入0.5%的硫酸铜，使羊每周舔食100毫克，可有较好的预防效果。

【治疗】成年羊一次灌服3%硫酸铜20毫升，每月1次；临近产羔的母羊在产羔前如出现行走不稳的症状，疑似缺铜时，可给母羊灌服1克（溶于30毫升水中）硫酸铜。

在补铜时，要严格控制剂量，以免因补铜引起铜中毒。

3.羊脑膜脑炎

脑膜脑炎是指脑膜充血和炎性产物渗出，同时伴有脑实质损伤的炎症过程。病羊表现一系列的神经症状。

▶ 病因

一些病原体感染，如慢病毒、单核细胞增多性李氏杆菌、脑脊髓丝虫、脑包虫等病原微生物感染可引起羊脑膜脑炎；铅、细菌毒素、某些药物等物质中毒也可引起羊脑膜脑炎。另外，角坏死、中耳炎、鼻窦炎、脑脓肿、眼球炎等可继发脑膜脑炎。

▶ 症状与病变

发病初期，病羊食欲减退，行动迟缓，并逐渐表现出神经症状，如头部下垂，沿圈舍的墙壁走动，或突然做旋转运动，卧立不安，严重时可表现出癫痫症状。有的羊眼球震颤，鼻唇部肌肉痉挛性抽搐，牙关紧闭，唇歪斜，舌脱出，吞咽障碍和视力丧失。患病后期，病羊兴奋，常无目的前冲或后退，碰撞障碍物，大声哞叫，轻微刺激或触摸病羊头部，可引起明显的疼痛反应或引起肌肉强直性痉挛，头向后仰。

▶ 诊断与防治

【诊断】根据临床的神经症状可初步诊断，但具体病因还需进行实验室检查才能确诊。

【预防】加强饲养管理，完善卫生制度和防疫制度，保持圈舍清洁，相应疾病的疫苗免疫要确保效果，防止毒物中毒，发现其他疾病要及时治疗。

【治疗】

● 细菌引起的脑膜脑炎：按每千克体重 15～20 毫克静脉注射氨苄青霉素，2 次 / 天；同时按每千克体重 20 毫克三甲氧苄嘧啶，每天 4 次。

● 寄生虫和毒物引起的脑膜脑炎：治疗见本书相应疾病的治疗部分。

● 对症治疗：

（1）镇静　用溴化钠、水合氯醛等镇静剂对过度兴奋、狂躁不安的病羊进行镇静。

（2）强心　用安钠咖、氧化樟脑等强心剂强心，防止病羊因心脏功能不全而死亡。

（3）降颅内压　当病羊脑颅内压升高时，可适当静脉放血或用 20% 甘露醇溶液（每千克体重 1～2 克）静脉注射。

四、抽搐

抽搐是大脑功能暂时紊乱的一种表现。过度兴奋时，就会发生不能自控的肌肉运动，可局限于某群肌肉、身体一侧或全身（图 9-5）。

图 9-5　患羊抽搐

主要表现为抽搐症状的羊病 { ● 中毒性疾病：有机氟中毒

其他伴有抽搐症状的羊病 { ● 内科病：羊脑膜脑炎
● 中毒性疾病：有机磷中毒、氢氰酸中毒、氨中毒

有机氟中毒

病因

误食喷洒有机氟化合物农药[①]或被其污染的植物、种子、饲料、毒饵、饮水而引起中毒。目前用于杀灭病虫害和灭鼠的含氟农药主要有氟乙酰胺（FAA）、氟乙酸钠（SFA）等氟乙酸盐。

症状与病变

【症状】羊中毒后精神沉郁，食欲降低或无食欲，反刍停止，全身无力，不愿走动，跛行，体温正常或偏低；脉搏快而弱，心跳节律不齐，磨牙，呻吟，步态不稳，阵发性痉挛。病程一般持续 2～7 天。最急性病例中毒后9～18 小时突然倒地，抽搐，角弓反张，呼吸困难，心跳停止而死亡；慢性中毒羊的症状反复发作，牙齿和骨磨损明显，出现黄褐色或黑褐色氟斑牙和氟骨症（关节僵硬、骨骼变形），病羊常在抽搐过程中死亡。

【病变】心肌颜色变淡，心内膜和心外膜有出血点（图 9-6）和出血斑；脑软膜和胃肠充血、出血，肝、肾瘀血、肿大。

图 9-6　心内膜出血

诊断与防治

【诊断】根据有与有机氟农药接触史、临床症状和尸体剖检变化可作出初步诊断。结合对饲料、饮水、胃内容物、肝脏或血液进行实验室检查，证实有氟化物可以确诊。

①有机氟农药可经消化道、呼吸道以及皮肤进入动物体内。绵羊口服氟乙酸盐的致死量为每千克体重 0.25～0.5 毫克。

205

【预防】

加强含有机氟农药的保管和使用，防止污染饲料和饮水；禁止饲喂喷洒过有机氟农药的植物茎叶及被污染的饲草、饲料和饮水；施过有机氟农药的农作物，必须经过两个月以上的残毒排出时间，才可用作饲料；加强饲养管理，对可疑氟中毒的羊，可整群口服绿豆汤解毒。

【治疗】

●解毒：立即肌内注射特效解毒剂解氟灵，每天每千克体重 0.1 ~ 0.3 克，用 0.5%普鲁卡因稀释，分 3 ~ 4 次注射。首次注射一半的剂量；第二天开始将全天量分为 4 份，每 4 小时肌内注射一次，连续用药 3 ~ 7 天。

● 洗胃与排粪：插入胃导管，用 0.05%高锰酸钾溶液或淡肥皂水洗胃；如中毒时间较长，可口服硫酸镁或硫酸钠 350 ~ 500 克，促进肠内容物排出，同时用活性炭 60 ~ 100 克加水 1 000 毫升口服，以吸附毒物，促使快速排毒。

● 对症治疗：

（1）强心　可用 25%葡萄糖溶液 100 ~ 200 毫升，加 10%安钠咖 20 ~ 40 毫升、5%维生素 C 40 ~ 80 毫升，静脉注射。

（2）护肝　可用复方氯化钠注射液静脉注射。

五、角弓反张

患羊的背肌强直性痉挛，使头和下肢后弯而躯干向前呈弓形的状态（图 9-7）。

1. 李氏杆菌病

李氏杆菌病是由李氏杆菌引起的一种急性或慢性人

图 9-7　羔羊角弓反张

主要表现为角弓反张症状的羊病 { ● 细菌性疾病：李氏杆菌病
● 营养代谢病：羊 B 族维生素缺乏症

其他伴有角弓反张症状的羊病 { ● 病毒性疾病：山羊病毒性关节炎-脑炎
● 中毒性疾病：瘤胃酸中毒、有机氟中毒

畜共患传染病，又称转圈病。除羊以外，其他多种动物均可感染发病。

▶ 病原特征

李氏杆菌是一种可运动的、革兰氏染色阳性的小杆菌，也是一种寄生在巨噬细胞内部的致病菌。在抹片中单个散在、两个并列或排列成 V 形。本菌广泛分布于自然界，特别是在腐烂的草料、青贮饲料，接近壕沟底部的青贮饲料及成捆的干草底部细菌较多。本菌对热有抵抗力，一般消毒药都易使之灭活。

▶ 流行特征

本病在多雨的季节多发，山羊比绵羊更易感。在沼泽地区放牧的羊常发本病。病菌通过破溃的口腔黏膜、呼吸道及损伤的皮肤侵入机体，引起本病。通常呈散发，发病率低，但病死率很高。本病可分子宫炎型、败血型和脑炎型，各种年龄和性别的绵羊几乎全表现为脑炎型，败血型发生于羔羊，子宫炎型多发生于怀孕最后两个月的头胎绵羊。

▶ 症状与病变

【症状】病羊短暂发热，精神沉郁，不能进食和饮水。多数病例表现出脑膜炎症状，如转圈，头歪，倒地，四肢做游泳状姿势（图9-8），角弓反张，颜面神经麻痹，嚼肌麻痹，咽麻痹，昏迷等。怀孕母羊出现流产，羔羊多以急性败血症而迅速死亡，病死率很高。

图9-8　患羊表现神经症状

【病变】一般没有特殊的肉眼可见病变。有神经症状的病羊，脑及脑膜充血（图9-9）、水肿，脑脊液增多、稍浑浊，单核细胞和淋巴细胞明显增多（图9-10）。流产母羊都有胎盘炎，表现为子叶水肿、坏死，血液和组织中单核细胞增多。

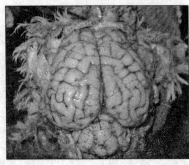

图9-9　脑水肿

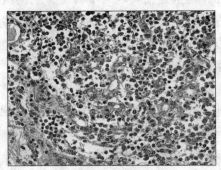

图9-10　脑血管周围出现多量单核细胞和淋巴细胞

➤ 诊断与防治

【诊断】根据流行特点、临床症状和病变可进行疑似诊断，确诊需要进行实验室检查。

具体操作：采取肝、脾、脊髓液等病料涂片，经革兰氏染色后，放在显微镜下检查，如果有散在的或栅状排列的革兰氏阳性小杆菌，可进行确认。有条件也可分离培养细菌进行确诊。

【预防】不从有病地区引入羊、牛或其他家畜；加强清洁卫生和饲养管理，消灭鼠类和其他啮齿动物；病畜隔离治疗，病死羊尸体要深埋，并用5%来苏儿或其他消毒药对污染场地进行消毒；畜牧兽医人员应注意自我保护，以防感染。

【治疗】发病初期用大剂量磺胺类药物与抗生素并用，有良好的治疗效果。用20%磺胺嘧啶钠5～10毫升，氨苄青霉素每千克体重1万～1.5万单位，庆大霉素每千克体重1 000～1 500单位，均肌内注射，每天2次，治疗10～14天。也可用土霉素和青霉素。

2.羊B族维生素缺乏症

B族维生素都是水溶性的维生素，包括维生素 B_1、维生素 B_2、维生素 B_5、维生素 B_6、维生素 B_{12}、叶酸、胆碱等。B族维生素普遍存在于植物中，在动物体内贮藏量不大，易被破坏，尤其是经过煮沸或遇碱性环境更易被破坏。反刍动物的体内能够合成多种B族维生素，因此一般不会发生严重的B族维生素缺乏症。

➤ 症状与病变

● **维生素 B_1（硫胺素）缺乏症**：主要发生于2～3月龄以下的羔羊。病羊不爱吃食，四肢无力，易痉挛，角弓反张，消瘦，便秘或腹泻。有时可见到水肿现象。严重时，则发生多发性神经炎。

● **维生素 B_2（核黄素）缺乏症**：病羊不爱吃食，易疲劳，生长慢，发生贫血，皮炎、脱毛，伴有腹泻，蹄壳易变形和开裂。

● 维生素 B_5（泛酸、遍多酸）缺乏症：病羊发生皮炎，并脱毛，有腹泻症状，运动障碍。

● 维生素 B_6（盐酸吡哆醇）缺乏症：病羊生长停滞，贫血。

● 维生素 B_{12} 缺乏症：发病羊食欲减退，机体虚弱，发生皮炎，表现为恶性贫血，生长缓慢、发育迟缓。

● 胆碱缺乏症：病羊不爱吃食，呼吸困难，不能站立，衰弱。

●叶酸缺乏症：病羊发生贫血，生长停滞，母羊泌乳量下降。

▶ **诊断与防治**

【诊断】根据临床症状可初步进行诊断。

【预防】饲喂营养丰富、维生素和微量元素全面的饲草、饲料。

【治疗】及时补充 B 族维生素。

六、转圈

患羊按同一方向做圆圈运动（图 9-11）。

图 9-11　患病羊向头颈歪的一侧做转圈运动

主要表现为转圈症状的羊病 { ● 寄生虫病：羊脑多头蚴病
● 内科病：日射病与热射病

其他伴有转圈症状的羊病 { ● 病毒性疾病：山羊病毒性关节炎-脑炎
● 寄生虫病：羊狂蝇蛆病
普通病 { ● 内科病：羊脑膜脑炎
● 营养代谢病：羊酮尿病
● 中毒性疾病：食盐中毒

1.羊脑多头蚴病（羊脑包虫病）

羊脑多头蚴病[①]是由脑多头蚴（多头带绦虫的幼虫）寄生于羊的脑和脊髓内引起的一种寄生虫疾病。

[①]俗称"脑包虫病"。

▶ 病原特征

多头绦虫成虫长 40~100 厘米，由 200~250 个节片组成。头节上有 4 个吸盘，顶突上有 22~32 个小钩，排列成两行。虫卵的直径为 29~37 微米，内含六钩蚴。脑多头蚴呈乳白色囊状，圆形或卵圆形，内部充满透明的液体（图 9-12、图 9-13）。

图 9-12　脑多头蚴形态

（内蒙古农业大学寄生虫实验室提供）

1　　　　　2　　　　　3

图 9-13　脑多头蚴

1.孕节　2.成节　3.脑多头蚴

▶ 生活史

寄生于犬、狼等终末宿主的小肠内，羊为中间宿主（图 9-14）。

▶ 流行特征

脑多头蚴全国各地分布极其广泛，在西北、东北及

①终末宿主小肠内的多头绦虫的孕卵节片随粪便排出体外，污染饲草或饮水。羊等中间宿主吞食了含有节片的饲草或饮水，六钩蚴在肠道内逸出，钻进血管，随血液循环到达脑和脊髓内，发育为多头蚴。犬等吞食了含有多头蚴的脑或脊髓，多头蚴吸附于小肠黏膜，发育为多头带绦虫，成虫可在犬体内存活6~8个月。

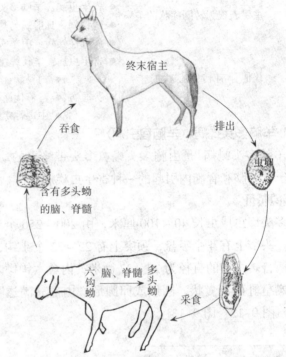

图9-14 脑多头蚴生活史①

内蒙古等牧区多呈地方性流行。2岁以下的绵羊极易感，虫卵对外界因素的抵抗力很强。

▶ 症状与病变

多头蚴多寄生于脑组织（图9-15）。临床上因寄生于不同的部位，出现不同的神经症状，多个囊体同时寄生于不同的部位也可引起病羊出现多种神经症状（表9-2）。

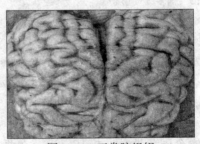

图9-15 正常脑组织

表 9-2　脑多头蚴寄生部位不同临床症状差异

寄生部位	临床症状
大脑正前部	病畜头下垂向前直线奔跑，或者静止不动，把头抵在物体上
大脑半球	常向被虫体压迫的一侧进行'转圈'运动，造成视力障碍以至失明
大脑后部	表现为头高举或做后退运动
小脑	常使病羊神经过敏，对任何声音均表现为极度不安；病羊共济失调，易跌倒
脊髓	由于虫体逐渐增大，使脊髓内压力增加，出现后躯完全麻痹，有时膀胱括约肌发生麻痹，尿失禁

急性病例有脑膜炎和脑炎病变，在尸体剖检过程中可见多头蚴囊泡，颅骨变薄变软（图 9-16）。

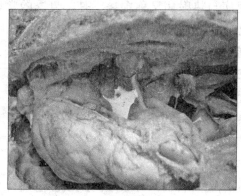

图 9-16　脑多头蚴

▶ 诊断与防治

【诊断】根据临床症状和流行病学特征并结合尸体剖检发现虫体可确诊。

【预防】本病主要以预防为主。对牧羊犬进行定期驱虫，排出的犬粪和虫体应无害化处理；防止犬吃到含脑多头蚴的羊等动物的脑及脊髓。

【治疗】本病的治疗在初期只能采取对症治疗。病程后期，可根据不同的寄生部位进行外科手术，摘除多头蚴囊泡（图 9-17、图 9-18）。

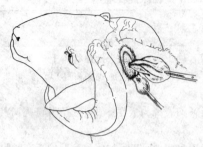

图 9-17　沿 U 形切开皮肤和骨膜，圆锯锯开颅骨，包囊位于大脑浅层，用无齿止血钳夹住囊壁，轻轻捻转外拉，使包囊脱出

图 9-18　用注射器连接无菌的气门芯或输液管取出寄生于脑深部的包囊

2. 日射病与热射病

日射病与热射病又称中暑，是羊夏季的常见疾病。处理不及时，常造成家畜的死亡。

▶ 发病原因

● **日射病**：由放牧时羊的头部受到炎热的阳光长时间照射所引起[①]。

● **热射病**：由环境温度过高或潮湿闷热而引起[②]。

▶ 症状与病变

病羊初期精神沉郁，常常围着圈舍转圈，步态不稳，行走时身体摇摆呈醉酒样，呼吸短促，眼结膜呈蓝紫色，体温升高到 40～42℃，心跳快而弱，皮肤干热。随后全身大量出汗，排尿减少或停止。最后倒地昏迷，瞳孔散大，如不及时抢救，可迅速死亡。

▶ 诊断与防治

【诊断】根据发生在炎热的夏季，羊长时间烈日暴晒或环境温度过高和闷热，紧急治疗后轻者可很快恢复等可以进行诊断。

【预防】防止强烈的阳光长时间直射羊头部，圈舍内及车船运输不能过度拥挤，保证圈舍清洁、通风良好，长途赶运或放牧时应尽可能在早晚凉爽时进行，并注意

①炎热的阳光照射引起脑及脑膜充血，颅内压升高，出现中枢神经系统调节功能障碍，甚至昏迷。

②环境温度过高或潮湿闷热可影响羊体散热，使体温升高，体内代谢旺盛，代谢产物转化和排出不及时，氧化不全的中间代谢产物蓄积引起酸中毒，病羊出现昏迷，甚至死亡。

让羊勤饮水、勤休息。

【治疗】

➤ 将病羊立即转移到阴凉通风的地方，头部和心区实施冷敷（可淋冷水），并用凉水灌肠；注射安钠咖，成年羊每次用 3～5 毫升，并喂给食盐水，必要时可投服清凉剂。同时，防止声光刺激，保持安静。

➤ 给病羊颈静脉放血 100～200 毫升，以减轻脑和肺部充血和改善循环。放血后用 5%葡萄糖生理盐水 500 毫升加入 10%安钠咖 4 毫升静脉注射补液。

➤ 纠正酸中毒，一次静脉输入5%碳酸氢钠溶液300～500 毫升。

➤ 心衰时，注射氧化樟脑，或安钠咖与尼可刹米交替注射进行强心。

七、四肢僵直

全身或部分肌肉发生痉挛性收缩，表现出僵硬状态。

主要表现为四肢僵直症状的羊病 { ● 细菌性疾病：羊破伤风

其他伴有四肢僵直症状的羊病 { ● 细菌性疾病：羊猝狙
　● 病毒性疾病：山羊病毒性关节炎-脑炎、狂犬病
　● 普通病 { ● 内科病：羊脑膜脑炎
　● 中毒性疾病：有机磷中毒、氢氰酸中毒、氨中毒、食盐中毒、有机氟中毒

羊破伤风

羊破伤风是由破伤风梭菌所致的一种人兽共患的急性中毒性传染病，主要是破伤风梭菌特异性神经毒素引起的，通常由神经支上传至脊髓，再至脑部。破伤风又名强直症，俗称七日风、锁口风等。

▶▶ **病原特征**

破伤风梭菌是厌氧革兰氏阳性杆菌(图 9-19)，有鞭

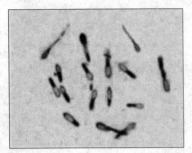

图 9-19　破伤风梭菌形态

毛，能运动，无荚膜，能形成芽孢,在菌体一端,似鼓槌状。破伤风梭菌产生破伤风痉挛毒素、溶血毒素及非痉挛性毒素,其中破伤风痉挛毒素可引起该病特征性症状和刺激产生保护性抗体,溶血毒素引起局部组织坏死,非痉挛性毒素对神经末梢有麻痹作用。其繁殖体对外界的抵抗力不强,一般消毒药均能在短时间内将其杀死,但该菌的芽孢体具有很强的抵抗力,在土壤中能存活几十年。

流行特点

本病的发生主要是因创伤感染引起破伤风梭菌，如断角、断脐、断尾、去势、产后感染以及各种自然损伤和手术创伤等。破伤风梭菌广泛存在于土壤和粪便中，污染的土壤成为该病的主要传染源。羔羊更易感，本病多呈散发性。本病没有季节性，但春秋雨季时发病较多。

症状与病变

【症状】本病的潜伏期为 5～20 天,病畜均表现为四肢僵直,头向后仰,吞咽困难,鼻孔张开,牙关紧闭,开口困难,口腔内黏液增多。随病程发展,呈典型的木马状。严重时,体温增高,脉搏细而快,心脏跳动剧烈。死亡率较高。

【病变】肌肉挛缩，使尸温增高，持续时间较长。尸体无特殊变化，只可见到神经组织有瘀血和小点出血，心肌有时有脂肪变性，骨骼肌有时萎缩、呈灰黄色。

诊断与防治

【诊断】根据临床症状及剖检变化进行初步诊断。

【防治】本病发病急，死亡快，目前尚无特效治疗方法，最有效的预防办法是一旦发现本病，立即全群羊注射羊魏氏梭菌多价灭活苗，成年羊每只注射 5 毫升，1 月龄以上小羊注射 3 毫升，免疫期为 1 年。注意羊舍和器具的清洁卫生，定期进行消毒，预防本病。

第十章　其他系统症状与相关疾病

目标

- 熟悉羊病其他系统典型的临床症状
- 熟悉其他系统临床症状的各种羊病
- 掌握其他系统典型临床症状羊病的
  防治措施

一、水肿

组织间隙中有过多的体液积聚称为水肿。

主要表现为水肿症状的羊病 ⎰● 营养代谢病：绵羊碘缺乏症（甲状腺肿）

其他伴有水肿症状的羊病 ⎰● 细菌性疾病：炭疽、羊巴氏杆菌病
　● 寄生虫病：肝片吸虫病、羊阔盘吸虫病、
　羊歧腔吸虫病、羊前后盘吸虫病、
　羊毛圆科线虫病、羊食道口线虫病、
　羊仰口线虫病、羊夏伯特线虫病
　● 营养代谢病：维生素 B_1（硫胺素）缺乏症

绵羊碘缺乏症（甲状腺肿）

碘缺乏症是指由于绵羊体内缺乏碘而引起以甲状腺肿大为特征的疾病，又称甲状腺肿。

▶病因

土壤、饲料和饮水中碘缺乏主要见于内陆高原、山区和半山区等缺碘地区[①]，特别是降水量大的沙土地带，

①土壤含碘量低于 0.2～0.25 毫克/千克，可视为缺碘。

①羊饲料中碘的需要量为 0.15 毫克/千克，而普通牧草中含碘量 0.06～0.5 毫克/千克。许多地区饲料中如不补充碘，可产生碘缺乏症。

这些缺碘地区的饲料和饮水中也缺碘①，易引起羊碘缺乏症。

在长期大量饲喂油菜、油菜籽饼、亚麻籽饼等饲料中含頡頡碘的硫氰酸盐、异硫氰酸盐以及氰苷等物质，这些物质影响碘的吸收和利用，易引起碘缺乏症。

▶ 症状与病变

【症状】发病羊表现为颈部粗大，毛稀少，全身常表现水肿（图 10-1）。新生羔羊身体虚弱，呼吸困难，不能吮乳，成活率极低。

图 10-1　患病羔羊颈部因甲状腺肿大而变粗大

【病变】甲状腺肿大。

▶ 诊断与防治

【诊断】根据甲状腺肿大可初步诊断，结合碘含量测定，血液碘含量低于 24 微克/升，羊乳中碘含量低于 80 微克/升可以确诊。

【防治】在缺碘地区，饲喂含碘盐，一般在食盐中加入 0.01%～0.03% 的碘化钾，有明显的防病治病效果。

二、骨骼异常

机体局部或全身骨骼弯曲或变形，以致身体姿势异常（图 10-2）。

图 10-2　患羊骨骼发育异常

主要表现为骨骼异常症状的羊病 {
● 病毒性疾病：边界病
● 营养代谢病：软骨病

其他伴有骨骼异常症状的羊病 {
● 营养代谢病：佝偻病
● 中毒性疾病：有机氟中毒

1. 边界病

边界病[①]是由边界病病毒引起的以新生羔羊发生震颤和被毛异常为特征的一种疾病。

病原特征

边界病病毒属于黄病毒科、瘟病毒属的成员，属于RNA 病毒。病毒粒子呈圆形，有囊膜，二十面体对称，直径为 33～52 纳米。病毒对 0.15%氯仿和乙醚敏感，0.15%胰酶 37℃作用 60 分钟或加热至 56℃ 30 分钟可被灭活。

流行特点

绵羊是其主要的自然宿主，山羊也可以感染。主要的传播途径是水平传播和垂直传播，主要经口、咽感染，也可通过胎盘组织感染胎儿。

症状与病变

感染胎儿的症状主要表现为以下 4 种病症：

①早期胚胎死亡、吸收和产出死胎、畸形胎儿和具

①又称为"摇摆病"或"舞蹈症"。

有免疫抑制的弱小胎儿。

②病羔羊体小、虚弱，多数不能站立，强直性痉挛性震颤，运动失调，出现醉样步态，后肢有时表现出特征性的双腿叉开，呈八字形姿势。

③病羊的骨骼发育异常，头部畸形，头盖骨呈拱形，四肢骨骼短细，关节弯曲、外翻等。

④可见体表长茸毛样被毛，偶见异常色素沉积。

▶ 诊断与防治

【诊断】可根据新生羔羊出现长茸毛样被毛、震颤、步态异常，怀孕母羊流产、死胎、胎儿吸收、异常、畸形胎儿、死胎等症状，结合病理组织学检查可作出初步诊断。确诊需进行病毒的分离鉴定。

【防治】在引进羊时进行检疫，保证无持续性感染羊及带毒羊方可引入。对检出的病羊应隔离饲养，并尽快屠杀，以清除感染源。目前，一些疫苗用于该病的预防，但是效果不佳。该病没有有效的治疗方法。

2. 软骨病

软骨病是指由于羊全身矿物质代谢紊乱和进行性脱钙而引起骨骼软化变形、疏松易碎的疾病。本病主要发生于成年羊，特别是成年母山羊。

▶ 病因

● **钙、磷量供给不足**：饲料和饮水中钙、磷含量不足，如长期饲喂精料或多汁的缺乏钙、磷的甜菜、马铃薯等；地区性缺钙，在低洼的沼泽土、泥炭土或沙土地区，土壤中的钙、磷含量少，使饲草和饲料中磷、钙缺乏；气候性缺钙，常年干旱时，植物从土壤中吸收钙、磷等矿物质盐少，都可引起本病。

● **饲料中的钙、磷比例**[①]**不当**：当饲料含磷过多，在体内产生磷酸，引起钙从骨中脱出，使骨质松软，发生软骨病。

①正常饲料中的钙、磷比例应为1.5∶1或者2∶1。一般而言，精饲料中含磷较多，粗饲料中含钙较多。如黄豆、玉米、麸皮、豆饼等都含磷比较丰富；苜蓿、谷草、豆叶及荞麦秸等含钙较多，在饲喂时饲料不可过于单一。

● **没有及时补钙**：没能及时给怀孕母羊和泌乳母羊补钙、磷，可引起软骨病。

● **维生素 D 摄入不足**：维生素 D 摄入不足使钙吸收率和利用率降低，易引起软骨病

▶ 症状与病变

● **发病初期**：病羊精神沉郁，食欲减退或废绝，喜欢躺卧；出现异嗜癖，如爱啃吃石头、砖、泥土、水泥、被煤烟所污染的或腐朽的木器以及墙壁的涂抹物；爱吃被粪便沾污的物体、垫草和饮用粪汁及尿。

● **发病中期**：病羊不愿站立或弯背站立，四肢叉开，勉强能走，运动时关节发出响声并伴有呻吟声；触诊背骨、关节和脊柱时有疼痛感；妊娠羊多发生流产，哺乳母羊泌乳减少或完全停止。

● **发病后期**：病羊站起后又倒下，骨骼弯曲，易发生骨折；头增大，头骨变软，压迫时可下陷，但具有一定弹性，面骨与颌骨膨起，硬腭突入口腔，使口腔闭合，不能咀嚼。

▶ 诊断与防治

【诊断】依据异嗜癖，运动困难，不能站立，骨骼肿大、变形、变软等临床症状可作出初步诊断。结合饲料钙、磷含量分析的结果可作出确诊。

【预防】加强饲养管理，保证饲料中钙、磷和各种维生素含量充足，并搭配合理；在母羊怀孕和泌乳期间，及时补充钙、磷。

【治疗】

● **调整饲料**：改喂三叶草、豆科干草、蒿秆，或燕麦、油饼等富含钙、磷的饲料，喝硬水①；喂食盐、含钙磷的制剂或带有鱼肝油的制剂，也可在日粮中加入蛋壳；适量喂给碱剂(小苏打)，减轻异嗜癖。泌乳羊在治疗期间应少量挤奶或停止挤奶。

①硬水：指水中所溶的矿物质成分多，尤其是钙和镁。如井水、泉水等。

● **严重病例**：在上述治疗的基础上，肌内注射 30% 次磷酸钙注射液，每只羊 20 毫升，每天 1 次，连用 3～5 天；同时注射维生素 D₂，每次每只羊 1～2 毫升，隔 1～2 天注射 1 次，连续多次。

三、急性死亡

主要指没有明显的临床症状而突然死亡或发病后很快死亡。

主要表现为急性死亡的羊病 ⎰ ● 细菌性疾病：羊炭疽、羊链球菌病、羊肠毒血症、羊快疫、羊猝狙

其他伴有突然死亡的羊病 ⎰ ● 细菌性疾病：羊巴氏杆菌病

● 中毒性疾病：瘤胃酸中毒、硒中毒、亚硝酸盐中毒、有机磷中毒、尿素中毒、菜籽饼中毒、氨中毒

普通病 ⎰ ● 营养代谢病：青草搐搦、绵羊铜缺乏症（摆腰病）

1. 炭疽

炭疽是由炭疽杆菌引起动物和人的一种急性传染病。羊发生炭疽常呈急性败血症① 过程。

▶ **病原**

炭疽杆菌（图 10-3）为革兰氏阳性菌，有荚膜，暴露在空气中形成卵圆形的芽孢。芽孢对外界环境的抵抗力强，不易被一般消毒药杀灭。

▶ **流行特点**

从炭疽病羊的消化道、呼吸道、泌尿道、生殖道等排出带血的分泌物和排泄物，以及炭疽的病死动物的血液、脏器、肉、皮等组织和器官中带有大量的炭疽杆菌。炭疽杆菌在外界形成芽孢，当外界环境、饲草料、饮水等被污染后可成为传染源。炭疽杆菌或其芽孢常通过呼

①败血症是指病原体在动物体内扩散，引起发病动物各组织器官严重损伤及抵抗力明显降低的病理过程。动物发生败血症后一般出现急性死亡。

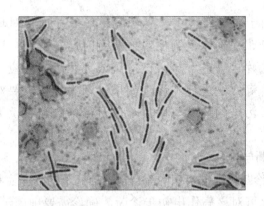

图 10-3　炭疽杆菌的形态，革兰氏染色（×1 000）

（内蒙古农业大学　李平安提供）

吸道、消化道、损伤的皮肤感染。炭疽的发生有一定的地区性。多呈散发性，一年四季均可发生，但夏季多见。除羊发生炭疽外，牛、鹿、猪、马属动物，以及人也可发生。本病是一种人畜共患病。

症状与病变

羊发生炭疽一般呈急性经过。表现为急性发作，体温升高到 40℃以上，全身痉挛，磨牙，站立不稳，呼吸困难，可视黏膜发绀，天然孔（口腔、鼻腔、肛门、尿道等）流出黑红色不易凝固的血液，突然倒地死亡或发病几小时至几天内死亡（图 10-4）。

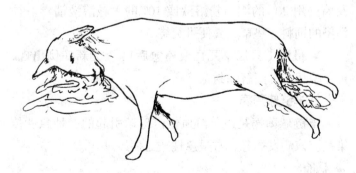

图 10-4　患炭疽羊的症状

由于炭疽杆菌在外界环境易形成芽孢且对环境造成污染，在临床上疑似炭疽病例时严禁解剖。应通过血液涂片、染色、显微镜检查或环状沉淀反应（炭沉试验）等方法进行确诊。如果诊断为炭疽，要对羊尸体和被污染的环境与用具等进行严格的消毒及无害化处理。

诊断与防治

【诊断】根据疾病的流行情况、病羊的临床症状和病理变化可对该病作出初步诊断。确诊需要细菌学检查、动物试验等实验室检验。

【防制】

● 疫苗预防接种：对炭疽疫区的羊，每年定期接种炭疽疫苗。应用时要严格按照疫苗使用说明操作。

● 炭疽病羊和发病地区的处理：

➢ 当羊场或养羊地区的羊发生炭疽时，应立即上报疫情，封锁发病场所，隔离病羊，假定健康羊立即紧急接种炭疽疫苗。

➢ 焚烧病死羊尸体，或将尸体用生石灰或20%的漂白粉覆盖后深埋。病羊和可疑羊用抗生素、磺胺类药物等抗菌药治疗。

➢ 对被污染的地面及其表层15~20厘米厚的土，以及墙壁用20%的漂白粉溶液或10%的火碱溶液消毒。被污染的饲料、垫草、粪便可焚烧。

➢ 最后1只病羊死亡或痊愈后14天无新病例出现，可上报相关部门解除封锁。

2. 羊链球菌病

羊链球菌病是由羊溶血性链球菌引起的一种急性传染病。该病发病急，常呈急性败血症经过。

病原

本菌呈球形，常呈链状排列，不运动，不形成芽孢，革兰氏染色阳性（图 10-5）。

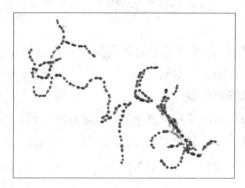

图 10-5 链球菌形态，革兰氏染色（×1 000）

▶ 流行特点

病羊和带菌羊是本病的主要传染源。病羊的呼吸道、肺脏等组织与器官中存在病原菌，经鼻液等排泄物排菌，自然感染主要通过呼吸道，其次是皮肤创伤。该病在国内一些地区发生，在春、夏季较多发。

▶ 症状与病变

【症状】发病急，病程短，一般在发病 1~3 天内死亡。病羊体温高达 41℃ 以上，精神差，拒食，反刍停止。眼睑附着脓性分泌物，鼻腔流出脓性黏稠鼻液，呼吸短促，有的病羊头部和乳房发生肿胀，怀孕羊流产，临死前磨牙、抽搐、惊厥。

【病变】全身淋巴结肿大、出血；喉和气管出血呈暗红色，肺脏水肿、出血、实变。心包、胸腔、腹腔积液，心内外膜、胸膜、大网膜、肠系膜、胃肠浆膜等见出血点，膀胱黏膜有时见出血点；脾脏肿大变软；肝肿大，呈泥土色，表面有出血点，胆囊扩张到正常的 2~4 倍。

▶ 诊断与防治

【诊断】根据临床症状、流行特征和病理变化，并结合病羊的血液、淋巴结、脾、肝组织的涂片，分别用革兰氏染色、瑞氏染色镜检，发现有革兰氏阳性球形菌，呈单个、成对或短链状存在可作出初步诊断。确诊需要进行细菌分离培养和鉴定。

【防治】常发该病的地区要定期做疫苗的免疫接种。发病早期可用抗生素治疗。

3. 羊肠毒血症

羊肠毒血症又称"软肾病"，是由 D 型魏氏梭菌引起羊的一种急性、致死性传染病。该病以发病急、死亡快、肠道明显出血，以及死后肾脏软化为特征。

▶ **病原**

病原为革兰氏阳性厌氧粗大杆菌，可形成荚膜，也称产气荚膜杆菌，可产生多种毒素（图 10-6）。

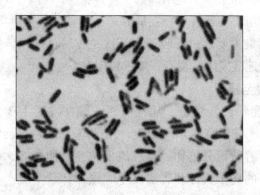

图 10-6 魏氏梭菌形态，革兰氏染色（×1 000）

▶ **流行特点**

魏氏梭菌存在于土壤和污水中，羊采食了被魏氏梭菌芽孢污染的饲草、饲料或饮用被污染的饮水，细菌在羊肠道内大量繁殖并产生毒素，从而发病。各年龄、各品种的羊只均可发病，但绵羊多发，山羊发病较少，尤其 2~12 月龄、膘情好的羔羊发病多。在春夏之交、秋季牧草结籽后和农作物收割的季节多发。本病多呈散发。

在一个疫群内的流行时间多为 30 ~ 50 天。

症状与病变

【症状】有的羊未见明显临床症状，在放牧时突然发病死亡。病程稍长，病羊腹部膨胀，腹痛，不愿走动，卧地，反刍、嗳气停止，呼吸急促，肌肉震颤，排黑色、恶臭、糊状粪便，有时粪便中带有血丝，体温一般不高（图 10-7）。

图 10-7 患病羊排带血稀便

【病变】胸腔、腹腔和心包积液；心脏扩张，心内、外膜有出血点；肺呈紫红色，切面有血液流出；小肠充血、出血，呈暗红色，有时肠黏膜面见溃疡灶（图 10-8），肠内容物暗红色、呈血样（图 10-9）；一侧或两侧肾脏软化（图 10-10），如稀泥样；肝脏、脾脏等其他组织与器官瘀血、肿胀。

图 10-8 肠黏膜面出现溃疡灶

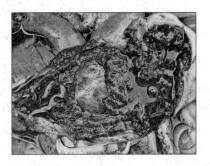

图 10-9 肠内容物呈暗红色血样

图 10-10 肾脏软化

▶ 诊断与防治

【诊断】根据流行特点、临床症状及病理剖检可作出初步诊断。进一步确诊还需进行病原学检查。本病须与羊快疫、羊猝狙、羊链球菌病、羊炭疽鉴别。

【防治】

● **疫苗免疫**：对该病常发地区的羊用羊三联疫苗（羊快疫、羊猝狙、羊肠毒血症）或羊梭菌病四联氢氧化铝菌苗（羊快疫、羊猝狙、羊肠毒血症、羔羊痢疾）进行预防接种。

● **加强饲养管理**：在春秋放牧时避免羊只过食嫩草，喂菜根、菜叶等多汁饲料，注意精、粗、青料的搭配，常喂食盐，多运动。

● **倒场消毒**：发现发病羊要尽快对羊群倒场放牧，对污染的环境用 20% 漂白粉或 3% 火碱溶液或 10% 石灰水消毒。

【治疗】用抗生素或磺胺药，结合强心、镇静对症治疗。每只病羊灌服 0.5% 高锰酸钾 250 毫升；用磺胺脒治疗，每千克体重 0.3~0.5 克，每天 1 次，连用 2~3 天，并静脉注射生理盐水。也可用青霉素肌内注射，每天 2 次，每次 80 万 ~160 万单位，连用 3~5 天。

4. 羊快疫

羊快疫是由腐败梭菌引起羊的一种急性传染病。其特点是发病快，死亡率高，绵羊多发。

▶ **病原**

腐败梭菌是革兰氏阳性厌氧大杆菌，在体内外均能形成芽孢，芽孢位于菌体中央或一侧，不形成荚膜，能产生多种毒素（图 10-11）。

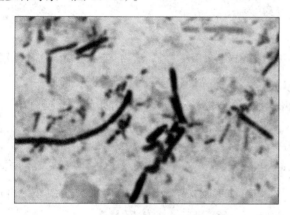

图 10-11　腐败梭菌形态，革兰氏染色（×1 000）

▶ **流行特点**

腐败梭菌在土壤中广泛分布，本菌也存在于草食兽的消化道中。消化道是主要的感染途径，多发于春末至秋季的雨季，发病羊的年龄一般在 6～24 月龄之间。绵羊较山羊易感。气候突变、羊只营养较差、饲喂冰冻或被污染的草料等可诱发本病。本病常呈散发。

▶ **症状与病变**

【症状】多数病羊突然死亡。病程稍长者食欲废绝，离群独站，不愿走动、腹痛、腹胀，结膜发绀，磨牙，体温升高到 41℃左右。排粪困难，粪便呈黑色软粪或稀粪，其中带有黏液或血丝（图 10-12）。在数小时内死亡。

图 10-12　患病羊排粪困难，排带有黏液或血丝的黑色软粪或稀粪

【病变】尸体腐败快，腹部膨胀，胸腔、心包腔、腹腔有淡红色液体渗出，心包、胸膜、腹膜有出血点。皱胃黏膜和小肠出现较明显的大小不等的溃疡灶和出血灶。

诊断与防治

【诊断】根据临床症状、流行病学、病理变化可作出初步诊断。确诊需进行实验室检查。

【防治】同羊肠毒血症。

5. 羊猝狙

羊猝狙是由 C 型魏氏梭菌引起羊的一种以毒血症为特征的传染病。其临床特点是发病急，死亡快。

病原

C 型魏氏梭菌两端稍钝圆，革兰氏染色阳性，不运动，在动物体内有荚膜，产生 β 毒素。

流行特点

C 型魏氏梭菌存在于土壤、污水、饲料及粪便中。羊只在采食、饮水时经消化道感染，细菌在小肠内繁殖并产生大量毒素，毒素被吸收后引起发病。成年绵羊多发，常见于低洼、沼泽地区，多发生于冬、春季节，一般呈地方性流行。

▶ **症状与病变**

【症状】病程短促，常在未见有任何临床症状时，羊只即突然死亡。病程稍长时，病羊表现为掉群，卧地，烦躁不安，全身痉挛，在数小时内死亡。

【病变】小肠充血、变红，在不同肠段出现大小不等的糜烂病灶或溃疡灶。胸腔、腹腔和心包腔大量积液，其中有丝网状或絮片状纤维素。心包、胸膜、腹膜浆膜上有点状出血。有时在皮下和骨骼肌间质渗出血样液体。

▶ **诊断与防治**

【诊断】根据流行病特征、临床症状和病理变化可以作出初步诊断。

【防治】本病的防治可参考羊肠毒血症。

四、流产

羊流产是指母羊妊娠中断，或胎儿不足月就排出子宫而死亡（图10-13）。

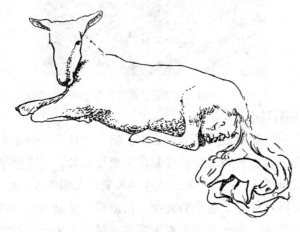

图10-13 患病羊流产

主要表现为流产症状的羊病 ⟨
● 细菌性疾病：布鲁氏菌病
● 病毒性疾病：阿卡斑病
● 衣原体病：羊衣原体病

其他伴有流产症状的羊病 ⟨
● 细菌性疾病：羊链球菌病
● 病毒性疾病：裂谷热、边界病
普通病 ⟨
● 营养代谢病：软骨症
● 中毒性疾病：亚硝酸盐中毒、菜籽饼中毒、硒中毒

1. 布鲁氏菌病

布鲁氏菌病是由布鲁氏菌引起动物和人的一种共患传染病。羊发生布鲁氏菌病常呈慢性败血症过程。

▶ **病原**

布鲁氏菌呈球杆状或短杆状，不运动，不形成荚膜和芽孢，革兰氏染色呈阴性（图10-14）。

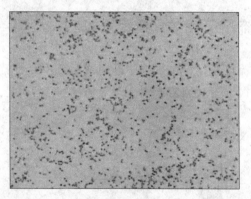

图10-14　布鲁氏菌形态，革兰氏阴性（×1 000）

▶ **流行特点**

布鲁氏菌最易感染羊、牛、猪，并且常传染给人和其他畜禽。发病或带菌母畜是主要传染源，当受感染的妊娠母畜流产或分娩时，大量的布鲁氏菌随胎儿、胎水、胎衣排到外界，病羊的乳汁、精液等分泌物和排泄物也带有细菌。消化道是主要的感染途径，羊采食了被病原污染的饲料或饮用被污染的水后感染。有时经皮肤和呼

吸道感染。

▶ 症状与病变

【症状】通常感染羊无明显临床症状，呈隐性感染。怀孕母羊感染常发生流产，流产多发生在怀孕的第 3～4 个月。流产前几天，病羊出现体温升高、食欲减退、精神不振，从阴道排出灰白色或带血的分泌物。流产胎儿多死亡。流产后，从阴道持续流出分泌液或脓液。公羊感染后多出现睾丸炎，见睾丸肿胀，触摸发热，有痛感。此外，有的病羊出现关节炎，病羊跛行，卧地不起，也有的母羊出现乳腺炎。

【病变】胎盘水肿呈胶冻样，并见充血或出血，有的出现糜烂，其上覆盖灰白色脓样和纤维素性渗出物。胎儿发育不良，在胃肠道可见点状出血或线状出血，肝脏、肾脏等组织和器官见灰白色小坏死灶。子宫充血、水肿、出血，表面常有灰白色脓样物附着。出现关节炎时，关节肿大，关节腔滑液增多，滑膜增厚。公羊睾丸肿胀，质硬实，切开见灰白色坏死灶。肝、脾、肾常出现白色增生灶或坏死灶。局部淋巴结肿大，变硬。

▶ 诊断与防治

【诊断】根据流行情况、临床症状、病变特征可作出初步诊断。通过细菌培养鉴定、血清学试验[1]等实验室检验确诊。

【防制】

● 检疫：布鲁氏菌病非疫区引进动物时，要对布鲁氏菌病进行严格的检疫，严禁带菌动物和病畜的进入。对有该病地区或羊场的羊进行检疫，淘汰、清除阳性羊，直至全部被检羊两次布鲁氏菌病检测阴性结果为止。

● 免疫：经多次检疫并淘汰阳性羊后，仍有阳性羊不断出现，可用羊布鲁氏菌 M5 菌苗或羊布鲁氏菌 53H38

①诊断布鲁氏菌病的血清学试验主要有试管凝集试验、虎红平板凝集试验、平板凝集试验、全乳环凝集试验、补体结合试验、间接酶联免疫吸附试验、免疫荧光试验、琼脂扩散试验。

菌苗免疫接种。

● **消毒**：对布鲁氏菌病羊的流产胎儿、胎衣、分泌物和排泄物（阴道分泌物、粪便、尿液、乳汁等），以及病畜的皮、毛等进行严格消毒。对羊圈舍及运动场要定期消毒。

2.阿卡斑病

阿卡斑病是由阿卡斑病病毒引起的一种牛、绵羊、山羊的多型性传染病。其特征是牛、羊的流产、早产、死产及先天性关节弯曲和积水性无脑症

病原特征

阿卡斑病病毒属于布尼安病毒科、布尼安病毒属，为单股负链RNA病毒。病毒粒子直径为70～130纳米，呈球形，有囊膜。病毒对乙醚、氯仿、0.1%去氧胆酸钠敏感，在56℃和酸性环境中易被灭活。该病毒能凝集雏鸡及鹅的红细胞。

流行特点

牛、绵羊、山羊最易感，也可感染其他动物。主要由吸血昆虫作为媒介传播。本病的发生有一定的地区性，热带和温带地区易发。季节性也较明显，多见于7～9月份蚊虫活动高峰季节。

症状与病变

感染的妊娠期母羊没有明显的临床症状，绵羊怀孕1～2个月感染后可产生畸形羔羊，关节弯曲、脑积水。

诊断与防治

【诊断】根据流行特点、临床症状和病理剖检变化可作出初步诊断。如确诊必须进行实验室检查，病毒分离、血清学试验等。

【防治】加强检疫，防止带毒动物或传播媒介的传入，疫区加强保护措施。蚊虫活动季节用该病的疫苗免

疫接种。

3.羊衣原体病

羊衣原体病是由衣原体引起绵羊、山羊的一种接触性传染病。临床特征为流产、关节炎和结膜炎。

▶ **病原特征**

鹦鹉热衣原体和沙眼衣原体呈球形或卵圆形，大小不等，形态不一，革兰氏染色阴性；具有传染性的较小的衣原体被姬姆萨染液染成紫色，较大的被染成蓝色；抵抗力不强，对热敏感；0.1%福尔马林溶液、3%氢氧化钠溶液均能将其灭活。

▶ **流行特点**

患病和带菌动物是主要传染源，可通过分泌物、排泄物、流产的胎儿、胎衣、羊水排出病原体污染环境。并通过呼吸道、消化道及损伤的皮肤、黏膜感染。还可通过患病公羊的精液感染，蜱、螨等也能传播本病。羊衣原体性流产多呈地方性流行。在饲养密集、营养缺乏、长途运输或迁徙、寄生虫感染等应激因素下，羊只免疫力低下，易发生本病。鹦鹉热衣原体可感染多种动物。

▶ **症状与病变**

【症状】

● **流产型**：常发生在妊娠中后期的母羊，表现为突然流产、死产或产弱羔羊，胎衣不下，阴道长时间排出分泌物（恶露不尽）；部分病羊继发细菌感染而死亡。羊群初次流产率高达20%～30%，以后逐渐下降。一般流产过的母羊不再流产。公羊患有睾丸炎、附睾炎。

● **关节炎型**：本型发病率一般达30%以上，病程2～4周。患病羔羊表现为多发性关节炎，肢关节（特别腕关节、跗关节）肿胀、疼痛，一肢或四肢跛行；严重时肌肉僵硬、弓背而立，或长期卧地，逐渐消瘦。体温升高至 41 ~ 42℃。

● **结膜炎型**：主要发生于绵羊，特别是育肥羔羊和哺乳羔羊。患病羔羊一侧眼或双侧眼的眼结膜充血、水肿，呈潮红色，大量流泪。角膜逐渐混浊，出现角膜血管翳①、糜烂、溃疡或穿孔。本型发病率高，一般不死亡。

【病变】

● **流产型**：流产母羊胎膜局部水肿增厚，发生坏死，子叶坏死呈黑红色或土黄色，子宫黏膜因充血、出血和水肿而增厚，呈不同程度的红色；流产胎儿水肿，皮肤、皮下、胸腺和淋巴结有出血点。

● **关节炎型**：关节囊扩张，关节囊滑膜面附有疏松的纤维素性絮片，滑膜层变粗糙。

● **结膜炎型**：结膜充血、水肿呈潮红色，瞬膜、眼结膜上可见大小不等的灰白色淋巴样滤泡性结节，角膜水肿、糜烂和溃疡。

▶ **诊断与防治**

【诊断】根据本病流行特征、临床症状和病理变化可进行疑似诊断，确诊需要通过实验室检查。本病在临床上常与布鲁氏菌病、弯杆菌病、沙门氏菌病等有类似症状，鉴别必须根据实验室检查。

【预防】加强饲养卫生管理，饲料营养充足，消除各种应激因素，定期驱虫；在流行本病的地区，用羊流产衣原体灭活苗对母羊和种公羊进行免疫接种，预防效果较好；发病时，及时隔离流产羊及其所产的弱羔羊，焚烧流产胎盘和死羔羊，羊舍、场地等用2%氢氧化钠溶液、2%来苏儿溶液等彻底消毒。

【治疗】肌内注射青霉素，80万 ~ 160万单位/次，2次/天，连用3天。患结膜炎的羊可用土霉素软膏点眼治疗。

①角膜血管翳是眼角膜上一种极薄的、透明的、不正常的增生物，由浆细胞、巨噬细胞及淋巴细胞组成。

五、结膜潮红或失明

当结膜受到刺激时，表现为结膜充血潮红，常常伴有分泌物，严重时可引起失明（图 10-15）。

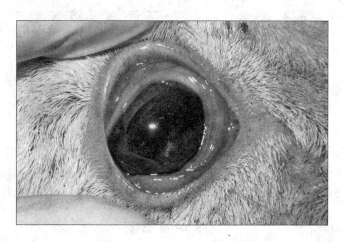

图 10-15 患羊结膜潮红

主要表现为结膜潮红或
失明症状的羊病
{
● 病毒性疾病：小反刍兽疫
● 普通病 {
● 内科病：结膜炎、角膜炎
● 营养代谢病：羊维生素 A 缺乏症
}
}

1. 结膜炎

结膜炎又称接触性、传染性眼炎或红眼病，是羊的一种常见病。在夏季或寒冷的冬季易发本病。

发病原因

鹦鹉热衣原体、立克次体等病原微生物感染可引起传染性结膜炎；环境中的灰尘和放牧时草籽进入眼内、羊舍内的氨气过浓刺激眼睛，均可引起刺激性的或异物性的结膜炎。

> **症状与病变**

发病初期，羊单侧或双侧眼流泪，怕光，结膜潮红（图 10-16），角膜混浊。眼内流出浆液性或黏液性或脓性分泌物；上、下眼睑肿胀闭合；严重时引起角膜溃疡、破裂，晶状体脱落，失明。

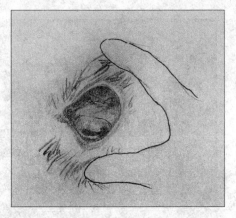

图 10-16 患病羊眼结膜充血，潮红

> **诊断与防治**

【诊断】根据临床症状可进行诊断。

【预防】加强饲养管理，定时清扫、消毒羊舍，保证清洁；隔离病羊，迅速采取治疗措施。

【治疗】用生理盐水或3%硼酸水溶液洗去眼内的分泌物后，用抗生素眼药水或视明露眼药水滴眼，每天2～3次，疗效较好；也可用青霉素、四环素软膏进行治疗。

2.角膜炎

角膜炎是指羊角膜的炎症。

> **发病原因**

异物刺伤，鞭打伤，角伤；绵羊羔睫毛内翻，长期刺激角膜以及结膜炎都可引起角膜炎。

> **症状**

病羊饮食困难，精神沉郁，常离群独处。病程初期角膜混浊，角膜边缘出现浅蓝色或灰白色病变区。随着疾病的发展，角膜边缘小血管呈树枝状向角膜中央生长，使角膜逐渐成乳白色的角膜疤，视力逐渐减弱，甚至失明。外伤引起的角膜炎可看到角膜上有伤痕。

诊断与防治

【诊断】根据临床症状可进行诊断。

【预防】加强饲养管理，防止眼受外伤；及时治疗结膜炎。

【治疗】

➤ 除去眼内异物，并用生理盐水或 2%硼酸水清洗眼内分泌物，然后使用红霉素眼膏或眼药水涂抹，每天 2～3 次。

➤ 对睫毛内翻的病羊，用眼剪沿眼睑边缘附近呈弧形剪去一条皮肤，以纠正睫毛内翻。

➤ 当形成角膜疤时，可采用以下方法进行治疗：

（1）用 5%～8%的盐水热敷患病眼后，将青霉素粉 80 万单位与新红 0.2 克混匀后，取适量，用纸筒吹入眼内，每天 2 次；再用 10%葡萄糖液点眼，每天 2～3 次。

（2）自血疗法：针对角膜疤长期不消除的病羊，取青霉素 20 万单位、0.25%普鲁卡因 5 毫升和患病羊血液 1 毫升均匀混合后，立即注射于患病眼上下眼睑的结膜下，每隔 1～3 天注射 1 次。

3. 羊维生素 A 缺乏症

羊维生素 A 缺乏症又称眼干燥症。

发病原因

长期干旱、下雪或长期舍饲而得不到青绿饲料，都会导致摄入和自身贮存的维生素 A 减少，引起羊发病。

①维生素 A 缺乏时，视网膜中视紫质的合成遇到障碍，以致影响到网膜对弱光刺激的感受。

▶ **症状与病变**

● **夜盲症**①：病羊怕光，视力减退，甚至完全失明。

● **眼干燥症**：病羊眼干燥，伴有结膜炎症及角膜软化。

● **其他症状**：骨骼发育不良，繁殖机能障碍，消化机能紊乱，抵抗力降低，易患其他疾病，特别是消化道及呼吸道疾病。

▶ **诊断与防治**

【诊断】根据临床症状可作出初步诊断。

【预防】保证日粮中维生素 A 的含量充足；每日应供给胡萝卜素每千克体重 0.1～0.4 毫克；对于怀孕母羊要特别重视供给青绿饲料，冬季要补充青干草、青贮料或胡萝卜。

【治疗】

➤ 将青绿饲料加入日粮中，同时按每只羊每天 20～50 毫升的量口服鱼肝油，直至病好。

➤ 当消化系统紊乱时，每只羊皮下或肌内分点注射鱼肝油 5～10 毫升，每隔 1～2 天注射 1 次；或肌内注射维生素 A 注射液。

附　录

附表 1　羊病主要症状与疾病对照

主要症状	疾病名称	备　注
体温升高（发热）	口蹄疫、炭疽、传染性胸膜肺炎、链球菌病、羊痘、布鲁氏菌病、巴氏杆菌感染、传染性口疮、泰勒焦虫病、结核病、蓝舌病、李氏杆菌病、小反刍兽疫	多数感染性疾病有发热，但急性传染病发热明显
流涎	口蹄疫、羊痘、传染性口疮、蓝舌病、口腔炎症、牙病、食管阻塞	
腹胀	瘤胃臌气、瘤胃积食、前胃弛缓、肠阻塞、食管阻塞	
腹痛（伸腰、磨牙、呻吟）	肠阻塞（肠套叠、肠扭转、肠缠结、肠便秘）、肠毒血症、羊快疫、瘤胃臌气	
呼吸困难（气喘）	传染性胸膜肺炎、巴氏杆菌感染、绵羊肺腺瘤、绵羊进行性肺炎（梅迪病）、肺线虫病、羊狂蝇蛆病、中毒病（亚硝酸盐、农药、尿素等中毒）	
腹泻	消化不良、羔羊腹泻、球虫病、副结核病、消化道线虫病	
脱毛	疥癣病、营养不良（包括饲草料不足、寄生虫病、副结核病等引起的营养不良）	
抽搐、转圈、狂躁、麻痹	脑包虫病、李氏杆菌病、狂犬病、链球菌病、羊狂蝇蛆病	
四肢强直、瞬膜外翻	破伤风病	

（续）

主要症状	疾病名称	备　注
排尿困难	膀胱麻痹、尿结石	
腿瘸	肌肉拉伤、骨折、关节炎、口蹄疫	

附表2　羊疾病免疫程序

病名	疫苗名称	接种时间	接种方法	剂量	免疫期	备注
口蹄疫	口蹄疫灭活疫苗	每年3月份和9月份	皮下或肌内注射	1毫升 1.5～2毫升	6个月	羔羊4月龄首免，1个月后加强免疫
炭疽	炭疽芽孢苗	每年3月份和9月份	皮下注射	1头份	6个月	
布鲁氏菌病	布鲁氏菌病猪型2号弱毒苗或羊型5号弱毒苗	每年5月份	皮下注射、滴鼻或口服	1头份	1年	凝集反应阴性羊
羊传染性脓疱病	羊口疮弱毒细胞冻干苗	每年4月份和9月份	口腔黏膜内注射	0.2毫升	5个月	
羔羊痢疾、猝狙、肠毒血症、羊快疫	羊四联苗	每年3月份和9月份	皮下或肌内注射	1头份	6个月	
羊痘	绵羊痘弱毒苗	每年5～6月份	尾根皮内注射	1头份	1年	
山羊传染性胸膜肺炎	山羊传染性胸膜肺炎氢氧化铝苗	9月份	皮下或肌内注射	3毫升 5毫升	1年	6月龄以下 6月龄以上
小反刍兽疫	小反刍兽疫弱毒疫苗	时间不限，每年春秋两季补免未免疫羊	皮下注射	1毫升	36个月	

附表3　羊驱虫程序

疾病种类	驱虫药物	驱虫时间	用法	剂　　量	休药期（天）	备注
线虫病、羊蝇蛆病、羊体表寄生虫病	阿维菌素	每年2次，春季（2～3月份），秋季（9～10月份）	内服或皮下注射	每千克体重0.2～0.3毫克	21	
	伊维菌素		内服或皮下注射	每千克体重0.2～0.3毫克	21	
吸虫病、绦虫病、包虫病	吡喹酮		内服	每千克体重10～35毫克	1	成年羊
				每千克体重6毫克		羔羊
	三氯苯唑		内服	每千克体重5～10毫克	28	
	丙硫咪唑		内服	每千克体重10～15毫克	7	
球虫病	盐酸氨丙啉		拌料	每千克体重25毫克	1	混入饲料中，连用14天

注：伊维菌素与阿维菌素任选一种驱除线虫和节肢动物；吡喹酮、三氯苯唑和丙硫咪唑任选一种驱除绦虫、包虫及吸虫。

附表4　羊舍消毒程序

消毒项目		说　明	消毒剂选择
人员进出消毒		羊场大门入口设立消毒池，人员出入场消毒；工作室的墙壁、地面、空气和工作服等物体表面用紫外线灯照射消毒的时间应不少于30分钟	2%～4%氧化钠或过氧乙酸、戊二醛复合消毒剂
环境消毒		羊舍周围环境每半月消毒1次	2%～4%火碱或撒生石灰
羊舍消毒	带羊消毒	每周清扫1次	漂白粉溶液或过氧乙酸戊二醛复合消毒剂
	空舍消毒	彻底清扫羊舍，用具彻底消毒	烧碱、石灰乳、氯制剂、过氧乙酸、碘制剂
运动场消毒		彻底清扫粪尿，每月进行1次喷洒消毒	3%漂白粉、4%福尔马林或5%氢氧化钠溶液
用具消毒		每周对饲养用具进行1次消毒	0.2%～0.5%过氧乙酸或0.1%新洁尔灭
羊体消毒		助产、配种、注射治疗操作前，进行羊体消毒	75%酒精、2%～5%碘酊或0.1%～0.5%新洁尔灭

参 考 文 献

史言，1979.临床诊疗基础[M].北京：农业出版社.

王书林，2002.兽医临床诊断学[M].北京：中国农业出版社.

林德贵，2005.兽医外科手术学[M].北京：中国农业出版社.

郭铁，1997.家畜外科手术学[M].第3版.北京：中国农业出版社.

王洪斌，2003.家畜外科学[M].第4版.北京：中国农业出版社.

林曦，2000.家畜病理学[M].第3版.北京：中国农业出版社.

陆承平，2001.兽医微生物学[M].第3版.北京：中国农业出版社.

甘肃农业大学，1999.兽医微生物学[M].北京：中国农业出版社.

李复中，丁山河，2001.家畜疫病防治手册 [M].武汉：湖北科学技术
    出版社.

孔繁瑶，1997.家畜寄生虫学[M].北京：中国农业大学出版社.

汪明，2005.兽医寄生虫学[M].第3版.北京：中国农业出版社.

李克斌，1997.牛羊寄生虫病综合防治技术[M].北京：中国农业出
    版社.

权凯，方先珍，2013.羊场卫生防疫 [M].郑州：河南科学技术出
    版社.

孙俊峰，2010.现代养羊新技术 [M].天津：天津大学出版社.

马杰，2015.羊病防治 [M].兰州：甘肃科学技术出版社.

卫广森，2009.羊病 [M].北京：中国农业出版社.

贺生中，2004.羊场兽医 [M].北京：中国农业出版社.

王仲兵，王凤龙，2013.舍饲牛场疾病预防与控制新技术.北京：中
    国农业出版社.

图书在版编目（CIP）数据

羊病快速诊治实操图解/王凤龙主编．—北京：
中国农业出版社，2018.5
（养殖致富攻略）
ISBN 978-7-109-23587-8

Ⅰ.①羊…　Ⅱ.①王…　Ⅲ.①羊病－诊疗－图解
Ⅳ.①S858.26-64

中国版本图书馆 CIP 数据核字（2017）第 291287 号

中国农业出版社出版
（北京市朝阳区麦子店街 18 号楼）
（邮政编码 100125）
责任编辑　郭永立　周晓艳

北京万友印刷有限公司印刷　新华书店北京发行所发行
2019 年 1 月第 1 版　2019 年 1 月北京第 1 次印刷

开本：720mm×960mm　1/16　印张：16.25
字数：257 千字
定价：32.00 元
（凡本版图书出现印刷、装订错误，请向出版社发行部调换）